造园行业规范指导手册

花园集俱乐部 编著

江苏凤凰科学技术出版社
南 京

目 录

第一章 行业背景

一、行业概况

随着国民经济的飞速发展和人民生活水平的不断提高，国家对生态环境建设越来越重视，老百姓对居住环境的要求也越来越高。园林作为人类营造的"第二自然"，对改善人们的居住环境有着重要的作用，同时是一个国家和地区经济文化的集中反映。园林的营造过程称为造园，那么造园如何定义呢？在一定的区域范围内，利用并改造天然山水地貌或者人为地开辟山水地貌，结合植物的栽植和建筑的布置，从而构成一个供人们观赏、游憩、居住的环境，创造这样一个环境的全过程（包括设计和施工在内）我们称之为造园。

花园造园行业作为园林景观的一个组成部分，相比市政大园林有着相对的特殊性。私家庭院造园按历史发展可追溯到中国古典私家园林。现今传世的拙政园、留园等江南古典园林，美在"文人情怀"，是文人修身养性的乐土和安顿心灵的家园，是他们寄托情感、抒发愁绪的物质载体，正所谓"神与物游，思与境谐"。它们融合了中国儒、道、释的哲学观，山水画、山水诗的艺术观，以及关于安居、福愿的观念，是中国式审美意识最生动的载体，是中国传统文化中的瑰宝，是人类的巨大宝贵财富。

改革开放后的三十多年里，国际上各国先进的造园理念不断传入，现今的造园理念相比传统的古典园林营造理念已发生了翻天覆地的改变，日式的枯山水、法式的整齐对称的几何造型、英式的自然风情园林不断丰富着我国的造园行业现状。尤其东南沿海经济发达地区和中心城市，别墅洋房和度假山庄私家造园行业得到了飞速发展。庭院营造公司如雨后春笋般出现在神州大地。区别于大的市政园林绿化企业的是：庭院营造公司规模一般偏小且偏向于地区性，施工质量和水平良莠不齐，一些室内装修和环境艺术类企业也涉足庭院营造，相对于大尺度的景观园林行业来说，缺乏相应规范和行业标准，这也直接导致我国私家造园与西方发达国家相比还有着相当大的差距。

二、行业现状

1. 缺乏相应行业规范和法规，市场相对混乱

市政大型园林和地产景观随着建筑行业的发展已经陆续与国际接轨，法律法规和行业规范相应成熟。花园造园行业企业良莠不齐，行业缺乏相应的管理，整体行业风貌有待提高。

2. 南北方差异较大，施工流程和工艺水平有待规范提高

我国幅员辽阔，南北方气候和植物分布差异较大，植物又是造园要素中一大重要组成部分，从景观设计布局和植物景观营造方面难以形成统一规范。地区性的行业组织相对而言不太健全，所以一些地区造园施工工艺规范有待总结提炼。

3. 庭院后期养护管理相对滞后

市政绿化方面经过几十年的规范发展，国家形成了一整套相对完整的养护管理条例和系统。私家庭院目前大多数还处在完工结算后交由业主自己打理养护阶段，从而使景观不能够持久性保持，希望在不久的将来庭院景观行业能够有专门的后期养护团队或者企业。

4. 设计费用收取标准不明确，缺乏相应标准

国家对大景观营造设计收费出台了相应标准，庭院小景观营造目前却处在收与不收模棱两可的状态。多数造园企业或者设计师为维系与业主关系来争取后期施工作业，多数情况下设计这一块处于赠送状态。

5. 造园资材方面比国外相对落后

西方造园行业景观资材的供应和渠道已经非常成熟，有些材料已形成批量化和标准化生产。目前我国庭院造园资材这一领域起步较晚，亟待整顿提高。

6. 设计理念盲目缺失，缺少本位特色

全国各地庭院设计风格争相模仿、千篇一律，盲目崇拜国外特色，致使好多作品不伦不类，缺失本位性区域特色。

综上所述，本书通过对我国庭院营造发展的现状进行研究和分析，从实际的角度出发，对庭院设计的基本理念和基本的原则进行探究，并且对存在的问题进行归纳和总结，希望对造园行业发展方向有一定的启发引导作用，为私家花园造园工作的进步做出贡献。

第二章 庭院设计收费标准指导意见

为了规范庭院设计标准，保障业主与造园企业双方的利益，促进造园行业的发展，特制定本指导意见。

本指导意见适用于造园企业承接的私家园林工程和单位庭院设计项目。设计内容是指私家园林工程从方案初步设计到施工图深化设计的全部设计工作或受业主委托的合同补充设计内容。设计师应按照国家和行业现行的施工及验收规范和相关法规、规范规定的的出图标准和技术要求，完成全套设计图纸后，依据指导标准收取设计费。

一、设计收费指导标准（按庭院占地面积计算）

（1）设计师 100 元 /m² 起，单个项目收费 6000 元 / 项目起。

（2）主案设计师 120 元 /m² 起，单个项目收费 12 000 元 / 项目起；庭院面积超过 500 m² 的部分，按 80 元 /m² 起收取。

（3）主任设计师 150 元 /m² 起，单个项目收费 15 000 元 / 项目起；庭院面积超过 500 m² 的部分，按 100 元 /m² 起收取；庭院面积超过 1000 m² 的部分，按 60 元 /m² 起收取。

（4）高级设计师 300 元 /m² 起，单个项目收费 30 000 元 / 项目起；庭院面积超过 500 m² 的部分，按 200 元 /m² 起收取，庭院面积超过 1000 m² 的部分，按 100 元 /m² 起收取；庭院面积超过 2000 m² 的部分，按 50 元 /m² 起收取。

（5）特邀设计师 500 元 /m² 以上。

设计师级别的认定由企业申报，行业认证并颁证。

以上收费标准不含勘查测量费，外埠工程加收差旅费。

以上收费标准不含户外陈设（软装）设计，若需进行庭院软装设计，收费标准双方另行约定。

二、设计业务基本流程

（1）客户咨询沟通、支付勘查测量费（根据项目面积，800～3000元/项目；场地需要清理的，加收清理费；外埠工程加收差旅费）。

（2）设计师上门勘查测量，拍摄现场环境，绘制原始测量图，计算出庭院面积，初步分析庭院现状、周边环境及空间布局的可行性等。

（3）勘查绘制的原始测量图需包括的主要工作成果：建筑的外轮廓尺寸、花园场地的轮廓尺寸、花园的原始标高、设施的定位（总水源、设备井、窨井、集水井、排水沟、原室内总电源配电箱、电源出户点、场内现有配电箱、空调外机等其他设备室外机等）、乔灌木树和其他植物的位置、周边的环境及其他场地隐藏项等。

（4）双方深入沟通洽谈，达成意向后签订设计协议，客户需交纳设计定金（设计费的30%～50%）。

（5）设计师根据双方沟通信息、现场勘测资料及由业主提供的地下管线、室内设计方案等原始图纸为依据，提供庭院设计方案图纸，双方就方案交换意见并确认后，双方签字备案。

①主要成果内容：平面布置图、功能分析图、流线分析、节点意向图、造价概算等。

②第一稿设计方案工作时间：3～10个工作日。

（6）设计方案定稿后开始进行扩初设计，客户对扩初设计无异议情况下确认签字后方可作为设计定稿及施工图设计的依据；扩初设计确认后，客户需支付设计费占设计费总额的70%～80%。

①主要成果内容：立体效果图、动画效果（若合同约定有该项目）、平面尺寸设计、竖向标高设计、灯光设计、植物应用设计、给排水设计、主要节点立面设计、铺装及其他主要材质设计等。

②第一稿设计方案工作时间：7～20个工作日。

（7）施工图纸设计完成后，再次交换意见，如有修改，由设计师修正后双方签字确认；施工图纸确认后，客户需支付设计费至设计费总额的95%，双方交接设计文件。

（8）工程结束后五天内结清余下5%的设计费。

三、设计服务内容

（1）提供全套庭院设计图纸文件一式两份并办交付手续。

（2）开工时进行技术交底（外埠工程加收差旅费）。

（3）设计师应在施工过程中进行两至三次的现场指导（外埠工程加收差旅费），并参与工程验收；若施工过程指导超过三次，客户需另行支付现场指导费，每次 600 ~ 1000 元（外埠工程加收差旅费）。

四、最终施工图纸设计成果文件内容

最终施工图纸设计成果文件内容包括：

①设计及施工说明。

②平面布置图。

③索引平面图。

④铺装平面图。

⑤竖向平面图。

⑥尺寸定位图。

⑦电气布置图。

⑧给水排水布置图。

⑨喷灌系统设计图。

⑩节点索引平面图。

⑪节点铺装平面图。

⑫节点尺寸定位图。

⑬各铺装详图。

⑭各构筑物详图。

⑮其他各分项及节点详图。

⑯主要材料说明（必要时提供样板及主要材料用量表等）。

图纸一般以 A3 幅面白纸打印，装订成册一式两份。

五、设计约定

（1）施工图完成，业主按照合同约定支付设计费后，设计单位（或设计师）需将全套设计文件交付业主，并办理交付手续；业主未按约定支付设计费用前，不得要求设计单位（或设计师）给付设计资料。

（2）若客户需要设计单位（或设计师）提供全程跟踪及施工监督服务，须协商洽谈另行收费。

六、其他事项

（1）业主若需进行户外陈设（庭院软装）设计，收费建议 60 元／m² 起。主要服务内容包括：

①户外家具软装选型及配置设计。

②户外装饰小品与景石选型及配置设计。

③户外灯具选型及配置设计。

④户外造型树与特殊植物选型及配置设计。

⑤户外成品构筑物选型及配置设计。

⑥户外智能系统配置设计等。

（2）设计师全程跟踪及施工监督服务，收费建议 80 元／m² 起。主要服务包括：

①定期到现场进行施工指导。

②根据施工进度，在主要节点施工放线时，到现场进行放线确认。

③基础开挖完成时到场进行验收。

④水电预埋完成后到场进行验收。

⑤基础施工完成时到场进行验收。

⑥主要材料进场时到场进行验收确定。

⑦铺装、木工等分项工程完成后进行验收。

⑧植物种植时进行现场指导等。

七、庭院工程设计合同样本

庭院工程设计合同

工程名称：

工程建设地点：

合同编号：

设计委托方：

设计方：

签订日期：　　　年　　　月　　　日

庭院工程设计合同

设计委托方：_____（以下简称甲方）

设　计　方：_____（以下简称乙方）

甲方委托乙方承担 _____ 庭院景观工程设计，经双方协商一致，签订本合同。

第一条　合同依据

1.1　《中华人民共和国合同法》《中华人民共和国建筑法》《建设工程勘察设计市场管理规定》。

1.2　国家及地方有关建设工程勘察设计管理法规和规章。

1.3　相关准予建设、改造批准文件。

第二条　设计委托内容及费用支付方式

2.1　委托项目概况：_____

_____

2.2　甲方提交给乙方的资料包括：

序号	资料及文件名称	份数	提交日期	备注
1	建筑室内布置设计图	1		电子版
2	道路规划、设计地形及标高图（在建项目）	1		电子版
3	建筑设计及效果图（在建项目）	1	合同签订后三个工作日内	电子版
4	管网布置图	1		电子版
5	甲方其他设计要求	1		电子版

2.3　若甲方未能提供测量资料或测量资料不完整，需乙方到现场测量场地，进行数据收集工作，乙方按以下表格收取费用：

序号	测量场地面积	收取费用	序号	测量场地面积	收取费用
1	0~100 m²	500 元	4	301~600 m²	2000 元
2	101~200 m²	800 元	5	601~1000 m²	3000 元
3	201~300 m²	1000 元	6	1001 m² 以上	4000 元

注：（1）若场地需要清理，加收清理费；外埠工程加收差旅费。

（2）测量工作为：勘测、拍摄现场环境、绘制原始测量图，计算庭院面积，初步分析庭院现状、周边环境及空间布局的可行性等。勘查绘制的原始测量图需包括的主要内容有：建筑的外轮廓尺寸、庭院场地的轮廓尺寸、庭院的原始标高、设施的定位（总水源、设备井、窨井、集水井、排水沟、原室内总电源配电箱、电源出户点、场内现有配电箱、空调外机等其他设备室外机等）、乔灌木树和其他植物的位置、周边的环境及其他场地隐藏项等。

2.4　乙方设计职责及工作服务范围：

2.4.1　主要工作内容：

①依据已经确定的规划总图或设计范围，对除建筑以外的庭院景观工程进行方案及技术设计，包括场地设计、地形设计、绿化、铺装、小品、室外景观照明、场地给排水管网及其他庭院景观设施设计。

②按照委托单位对工程造价的控制要求，从设计的角度对庭院景观工程的造价进行控制。

③负责设计技术交底及施工现场技术跟踪服务[在施工过程中进行两至三次的现场指导（外埠工程加收差旅费）；若施工过程指导超过三次的，客户需另行支付现场指导费，每次600～1000元（外埠工程加收差旅费）]；积极协助委托单位处理施工过程中的技术问题，依据现场实际情况及时做出相应的设计调整。

④参与各专项工程验收及竣工验收，并提出书面验收意见及整改意见。

2.4.2 各阶段主要提交资料：

①方案阶段：

A.庭院景观构思及意向；B.总平面布置图；C.功能、交通、竖向、景观分析图；D.节点意向图；E.造价估算。

②扩初阶段：

A.总平面图；B.平面尺寸设计图；C.重点区域电脑效果图；D.分区放大平面图；E.重点景观示意图及透视图；F.铺装及其他主要材质应用设计图；G.植物设计及意向图；H.竖向标高设计图；I.灯光设计图；J.给排水设计图；K.主要节点立面设计图；L.设计说明。

③施工图设计阶段：

A.土建装饰部分：设计总说明及目录；总平面图、定位放线平面图、索引平面图、竖向标高平面图、铺装材料平面图和铺装材料表（材料规格、尺寸、色彩）、重要节点放大平面图；土壤造型详图；铺地、台阶、道路、路沿、汀步、花槽、坐凳、栏杆、花架、廊架、景墙等设计详图；水景、喷泉等设计详图；围墙、景观小品等设计详图；场地内挡土墙装饰设计及小型挡土墙（高度在2m以下）结构设计；垃圾桶、指示牌、花钵、艺术小品等选型图；地表排水详图。

B.植物部分：设计总说明及目录；乔木、灌木、地被植物种植平面图；植物配置表（乔灌木的品种、胸径、冠幅、高度及相应数量）；场地断面植物配置效果示意图；植物规范说明及植物种植、保养说明。

C.给水排水部分：设计说明及目录；给水总平面图；排水总平面图；水景、喷泉、游泳池等系统设计图及安装大样图；主要设备及材料表。

D.电气部分：设计说明及目录；电气总平面图；景观照明设计及系统控制设计详图；安装大样图；灯具选型意向图；主要电气设备及材料表。

E.工程概算书。

④后期施工服务配合阶段：

设计师到施工现场服务交底施工节点，包含：A.施工交底；B.平面放线验收；C.基础平场验收；D.管网及隐蔽工程验收；E.硬景基础与结构基坑验收；F.面材确定及面材打样；G.设计变更；H.种植土壤与地形造景验收植物放线与乔木点位验收；I.工程完工竣工验收。

（注：设计后期施工服务，工作性质为协助业主监督施工方按图施工，检查操作是否规范、有无项目遗留，但不负责教授施工单位施工技术与工艺技巧，因此业主需选择专业的施工团队予以配合）

2.5　服务阶段及成果图纸内容提交时间：

工作阶段	时间	提交成果
方案设计阶段	合同签订，提供基础资料＿＿＿日内完成初稿交甲方征求意见，并按甲方意见进行调整完善直至方案确定	A3文本肆套
施工图设计（送审）	初设确定并得到甲方正式通知后＿＿＿日内	白图贰套
施工图设计成果	甲方反馈施工图审查意见后＿＿＿日内	白图贰套

2.6　设计费及支付方式：

2.6.1　本合同甲方应支付总金额暂定为人民币 ＿＿＿＿＿＿（大写：人民币＿＿＿＿＿元整）。

2.6.2　测量费用为＿＿＿＿＿＿元。

2.6.3　设计收费标准为＿＿＿＿＿＿元/m²，设计面积为＿＿＿＿＿＿，设计费用为＿＿＿＿＿＿元。

设计收费标准为：

        本案选择设计总监：_____元/m² □

        本案选择首席设计师：_____元/m² □

        本案选择主案设计师：_____元/m² □

注：请在您选择后面打"√"

        设计总监设计费总额若不足___万元按___万元计取；

        首席设计师设计费总额若不足___万元按___万元计取；

        主案设计师设计费总额若不足___万元按___万元计取。

2.6.4　费用支付进度：

项目	付费次序	付费名称	金额/元	付费时间
设计费	第一次	测量费用（另付）		合同签订时
		30% 设计费		
	第二次	50% 设计费		方案审查通过后时
	第三次	20% 设计费		提交施工图成果时

注：若设计方案经甲乙双方多次协商满意并甲方已签字确认后，由于甲方的原因重新做设计方案，第二次设计方案费用按合同价的 30% 收取设计费。

第三条　双方责任及违约责任

3.1　甲方责任：

3.1.1　甲方按本合同第三条规定的内容，在规定的时间内向乙方提交资料及文件，并对其完整性、正确性及时限负责，甲方不得要求乙方违反国家有关标准进行设计。

甲方提交上述资料及文件超过规定期限 15 天以内，乙方按合同第四条规定交付设计文件时间顺延；超过规定期限 15 天以上时，乙方有权重新确定提交设计文件的时间。

3.1.2　甲方变更委托设计项目、规模、条件或因提交的资料错误，或所提交资料做较大修改，以致造成乙方设计需返工时，双方除需另行协商签订补充协议（或另订合同）、重新明确有关条款外，甲方应按乙方所耗工作量向乙方增付设计费。

在未签合同前甲方已同意乙方为甲方所做的各项设计工作，应按收费标准，相应支付设计费。

3.1.3　甲方要求乙方比合同规定时间提前交付设计资料及文件时，如果乙方能够做到，甲方应根据乙方提前投入的工作量，向乙方支付赶工费。

3.1.4　甲方应保护乙方的投标书、设计方案、文件、资料图纸、数据、计算软件和专利技术。未经乙方同意，甲方对乙方交付的设计资料及文件不得擅自修改、复制或向第三人转让或用于本合同外的项目，若发生以上情况，甲方应负法律责任，乙方有权向甲方提出索赔。

3.2　乙方责任：

3.2.1　乙方应按国家技术标准、规范、规程及甲方提出的设计要求进行工程设计，按合同规定的进度要求提交质量合格的设计资料，并对其负责。

3.2.2　乙方采用的主要技术标准是：与本工程有关的国家现行设计标准及规范通则。

3.2.3　乙方按本合同第2.2条和第2.4条规定的内容、进度及份数向甲方交付资料及文件。

3.2.4　乙方应保护甲方的知识产权，不得向第三人泄露、转让甲方提交的产品图纸等技术经济资料。若发生以上情况并给甲方造成经济损失，甲方有权向乙方索赔。

3.3　违约责任：

3.3.1　在合同履行期间，甲方要求终止或解除合同，乙方未开始设计工作的，不退还甲方已付的定金；已开始设计工作的，甲方应根据乙方已进行的实际工作量，不足一半时，按该阶段设计费的一半支付；超过一半时，按该阶段设计费的全部支付。

3.3.2　甲方应按本合同第2.5条和第2.6条规定的金额和时间向乙方支付设计费，每逾期支付一天，应承担支付金额千分之二的逾期违约金。逾期超过30天以上时，乙方有权暂停履行下阶段工作，并书面通知甲方。甲方的上级或设计审批部门对设计文件不审批或本合同项目停缓建的，甲方均按本合同第3.3.1款规定支付设计费。

3.3.3　乙方对设计资料及文件出现的遗漏或错误负责修改或补充。由于乙方人员错误造成工程质量事故损失，乙方除负责采取补救措施外，应免收直接受损失部分的设计费。损失严重的，根据损失的程度和乙方责任大小向甲方支付赔偿金，赔偿金可由双方商定，将实际损失总费用的 1.5% 作为赔偿金支付给甲方。

3.3.4　由于乙方自身原因，延误了按本合同第2.4条和第2.5条规定的设计资料及设计文件的交付时间，每延误一天，应减收该项目应收设计费的千分之二。

第四条　其他

4.1　甲方若委托乙方承担本合同内容之外的工作服务，应另行支付费用。

4.2　由于不可抗力因素致使合同无法履行时，双方应及时协商解决。

4.3　本合同发生争议时，双方当事人应及时协商解决。也可由当地建设行政主管部门调解，调解不成时，双方当事人同意由　　仲裁委员会仲裁。

4.4　本合同一式　　份，甲乙双方各持　　份。

4.5　本合同经双方签章并在甲方向乙方支付订金后生效，双方履行完合同规定义务后本合同即行终止。

4.6　本合同未尽事宜，双方可签订补充协议，有关协议及双方认可的来往电报、传真、会议纪要等，均为本合同组成部分，与本合同具有同等法律效力。

甲方：（签字/盖章）　　　　　　　　　　乙方：（盖章）

甲方代表人：（签字/盖章）　　　　　　　法定代表人：（签字）

电话：　　　　　　　　　　　　　　　　委托代理人：（签字）

　　　　　　　　　　　　　　　　　　　电话：

　　　　　　　　　　　　　　　　　　　传真：

　　　　　　　　　　　　　　　　　　　户名：

　　　　　　　　　　　　　　　　　　　开户银行：

　　　　　　　　　　　　　　　　　　　银行账号：

八、庭院工程设计图纸样本

项目编号：20170303

项目名称：绍兴天地永和别墅

主案设计师：韩易凡

助理设计师：赵姗姗

客户：

● 总平面图

● 功能分区说明

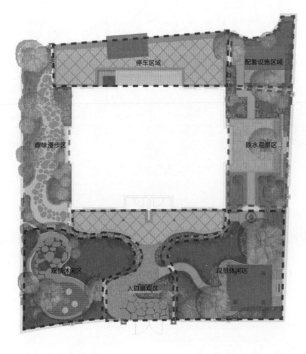

配套设施区域
阳光房、设备房、工具房

停车区域
收缩门设备房、停车平台

跌水观景区
原有大树、跌水景墙、模纹花坛

趣味漫步区
乱石花池、趣味汀步、花镜步道

观景休闲区
下沉空间、木平台、高尔夫场地、休闲亭、壁炉

入口景观区
景墙分隔空间，丰富了入口景观

● **标高说明**

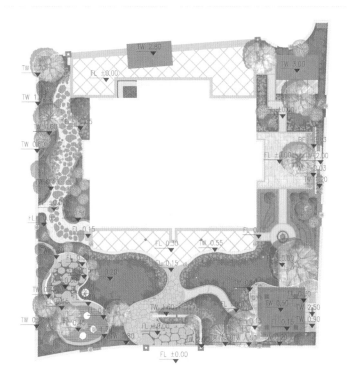

● **照明设计**

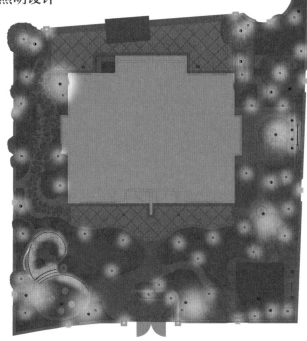

灯具种类、规格及安装方式

图例	名称	规格	安装方式	光源类型	数量
◖	庭院灯	150 W,H3000~4000,IP65	落地安装	金卤灯,宽光束,暖白色光,3 m高	6盏
⊖	LED水下灯	15 W,12V,IP68	落地安装	LED,白色	4盏
⊘	射树灯	50 W,IP65	落地安装	节能灯,暖白色光	9盏
□	草坪灯	15 W,H800,IP65	落地安装	节能灯,暖白色光	37盏
━	LED洗墙灯	40 W,IP65	埋地安装	LED,单体1 m长,暖白色光,条形	3盏
----	LED灯带	25 W/m,IP65	嵌墙安装	LED,暖白色光	21 m
▯	预留电源插座	—	—	—	6套

● 景观视点分析

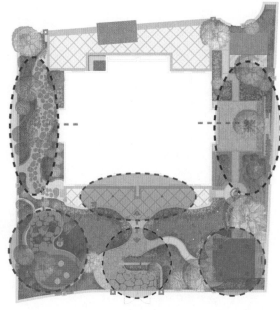

休闲区域

景观节点

◆ - ➔ 景观视线

● 鸟瞰图

● 节点效果图

● 节点效果图

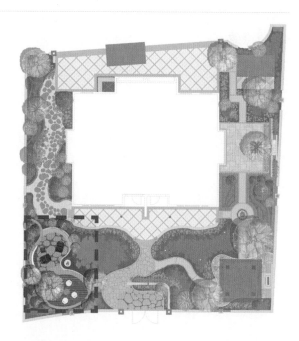

● 节点效果图

● 节点效果图

● 节点效果图

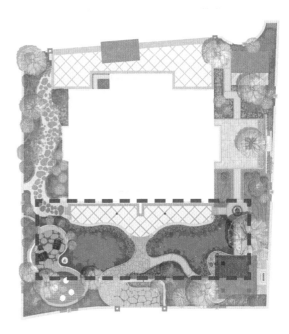

● **节点效果图**

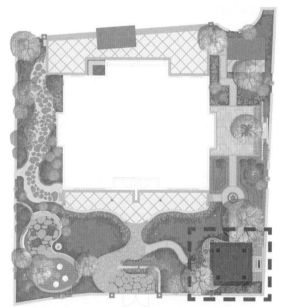

● 节点效果图

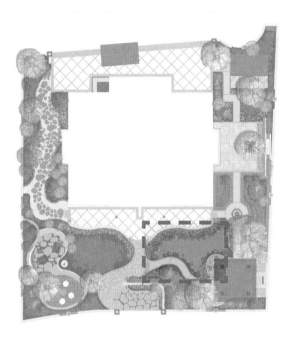

● 节点效果图

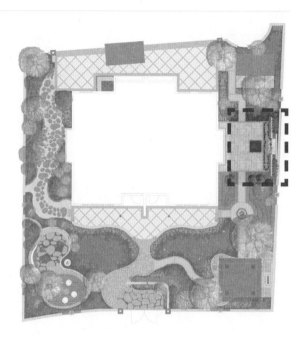

● 节点效果图

● 节点效果图

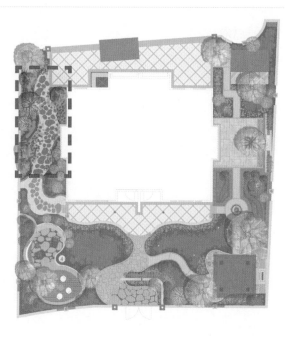

● 节点效果图

● 节点效果分析

   景观休闲亭

意向图

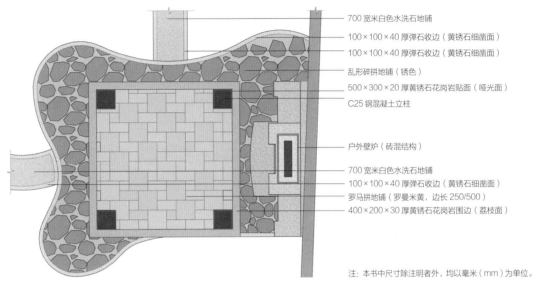

700 宽米白色水洗石地铺

100×100×40 厚弹石收边（黄锈石细凿面）

100×100×40 厚弹石收边（黄锈石细凿面）

乱形碎拼地铺（锈色）

500×300×20 厚黄锈石花岗岩贴面（哑光面）

C25 钢混凝土立柱

户外壁炉（砖混结构）

700 宽米白色水洗石地铺

100×100×40 厚弹石收边（黄锈石细凿面）

罗马拼地铺（罗曼米黄，边长 250/500）

400×200×30 厚黄锈石花岗岩围边（荔枝面）

注：本书中尺寸除注明者外，均以毫米（mm）为单位。

景观休闲亭平面图

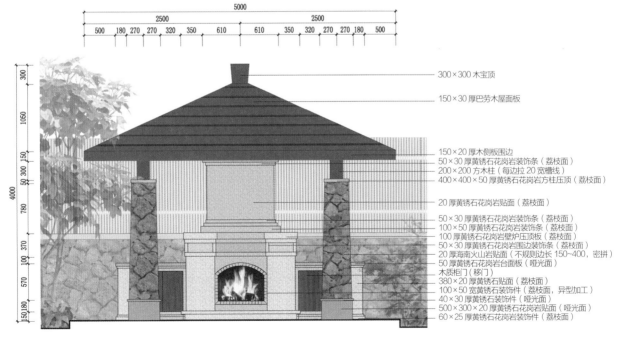

300×300 木宝顶

150×30 厚巴劳木屋面板

150×20 厚木侧板围边

50×30 厚黄锈石花岗岩装饰条（荔枝面）

200×200 方木柱（每边拉 20 宽槽线）

400×400×50 厚黄锈石花岗岩方柱压顶（荔枝面）

20 厚黄锈石花岗岩贴面（荔枝面）

50×30 厚黄锈石花岗岩装饰条（荔枝面）

100×50 厚黄锈石花岗岩装饰条（荔枝面）

100 厚黄锈石花岗岩壁炉压顶板（荔枝面）

50×30 厚黄锈石花岗岩围边装饰条（荔枝面）

20 厚海南火山岩贴面（不规则边长 150~400，密拼）

50 厚黄锈石花岗岩台面板（哑光面）

木质柜门（移门）

380×20 厚黄锈石贴面（荔枝面）

100×50 宽黄锈石装饰件（荔枝面，异型加工）

40×30 厚黄锈石装饰件（哑光面）

500×300×20 厚黄锈石花岗岩贴面（哑光面）

60×25 厚黄锈石花岗岩装饰件（荔枝面）

景观休闲亭立面图

● 节点效果分析

壁炉

意向图

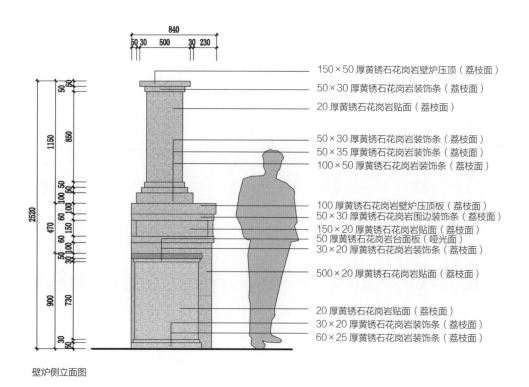

150×50 厚黄锈石花岗岩壁炉压顶（荔枝面）
50×30 厚黄锈石花岗岩装饰条（荔枝面）
20 厚黄锈石花岗岩贴面（荔枝面）

50×30 厚黄锈石花岗岩装饰条（荔枝面）
50×35 厚黄锈石花岗岩装饰条（荔枝面）
100×50 厚黄锈石花岗岩装饰条（荔枝面）

100 厚黄锈石花岗岩壁炉压顶板（荔枝面）
50×30 厚黄锈石花岗岩围边装饰条（荔枝面）
150×20 厚黄锈石花岗岩贴面（荔枝面）
50 厚黄锈石花岗岩台面板（哑光面）
30×20 厚黄锈石花岗岩装饰条（荔枝面）

500×20 厚黄锈石花岗岩贴面（荔枝面）

20 厚黄锈石花岗岩贴面（荔枝面）
30×20 厚黄锈石花岗岩装饰条（荔枝面）
60×25 厚黄锈石花岗岩装饰条（荔枝面）

壁炉侧立面图

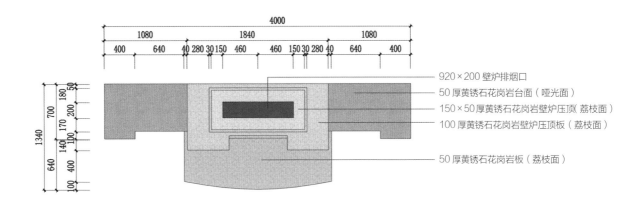

壁炉平面图

920×200 壁炉排烟口
50 厚黄锈石花岗岩台面（哑光面）
150×50 厚黄锈石花岗岩壁炉压顶（荔枝面）
100 厚黄锈石花岗岩壁炉压顶板（荔枝面）
50 厚黄锈石花岗岩板（荔枝面）

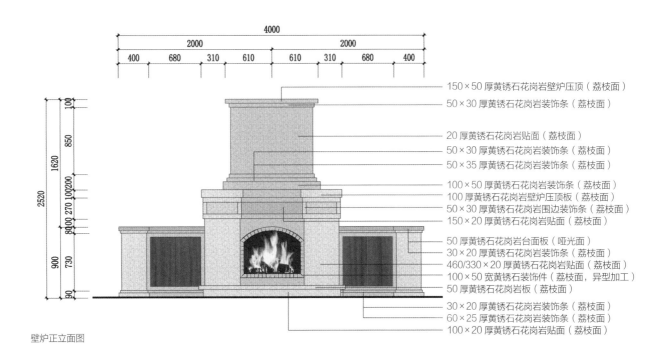

壁炉正立面图

150×50 厚黄锈石花岗岩壁炉压顶（荔枝面）
50×30 厚黄锈石花岗岩装饰条（荔枝面）
20 厚黄锈石花岗岩贴面（荔枝面）
50×30 厚黄锈石花岗岩装饰条（荔枝面）
50×35 厚黄锈石花岗岩装饰条（荔枝面）
100×50 厚黄锈石花岗岩装饰条（荔枝面）
100 厚黄锈石花岗岩壁炉压顶板（荔枝面）
50×30 厚黄锈石花岗岩围边装饰条（荔枝面）
150×20 厚黄锈石花岗岩贴面（荔枝面）
50 厚黄锈石花岗岩台面板（哑光面）
30×20 厚黄锈石花岗岩装饰条（荔枝面）
460/330×20 厚黄锈石花岗岩贴面（荔枝面）
100×50 宽黄锈石装饰件（荔枝面，异型加工）
50 厚黄锈石花岗岩板（荔枝面）
30×20 厚黄锈石花岗岩装饰条（荔枝面）
60×25 厚黄锈石花岗岩装饰条（荔枝面）
100×20 厚黄锈石花岗岩贴面（荔枝面）

● 节点效果分析

  围墙和铁艺

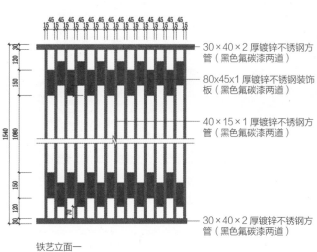

30×40×2 厚镀锌不锈钢方管（黑色氟碳漆两道）

80×45×1 厚镀锌不锈钢装饰板（黑色氟碳漆两道）

40×15×1 厚镀锌不锈钢方管（黑色氟碳漆两道）

30×40×2 厚镀锌不锈钢方管（黑色氟碳漆两道）

铁艺立面一

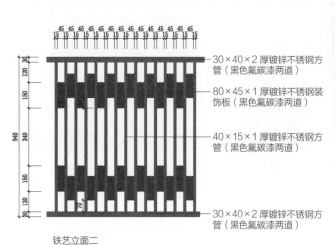

30×40×2 厚镀锌不锈钢方管（黑色氟碳漆两道）

80×45×1 厚镀锌不锈钢装饰板（黑色氟碳漆两道）

40×15×1 厚镀锌不锈钢方管（黑色氟碳漆两道）

30×40×2 厚镀锌不锈钢方管（黑色氟碳漆两道）

铁艺立面二

意向图

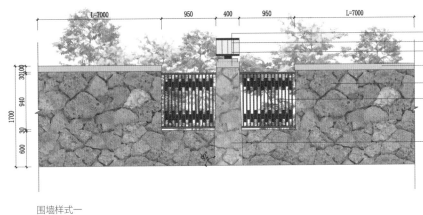

围墙样式一

1号柱头灯（专业厂家定制，附示意图供参考）
300×300×50厚黄锈石花岗岩压顶（哑光面）
400×400×100厚黄锈石花岗岩压顶（哑光面）
600×300×100厚黄锈石花岗岩压顶（荔枝面）

20厚海南火山岩贴面（不规则边长150~400，密拼）

1号镀锌不锈钢围栏（40×2，黑色氟碳漆
两道，详见大样图）

20厚海南火山岩贴面（不规则边长150~400，密拼）

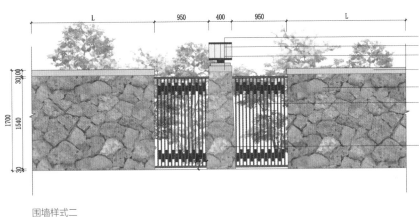

围墙样式二

1号柱头灯（专业厂家定制，附示意图供参考）
300×300×50厚黄锈石花岗岩压顶（哑光面）
400×400×100厚黄锈石花岗岩压顶（哑光面）

600×300×100厚黄锈石花岗岩压顶（荔枝面）
20厚海南火山岩贴面（不规则边长150~400，密拼）

2号镀锌不锈钢围栏（40×2，黑色氟碳漆两
道，详见大样图）

20厚海南火山岩贴面（不规则边长150~400，密拼）

● 节点效果分析

入口景墙

意向图

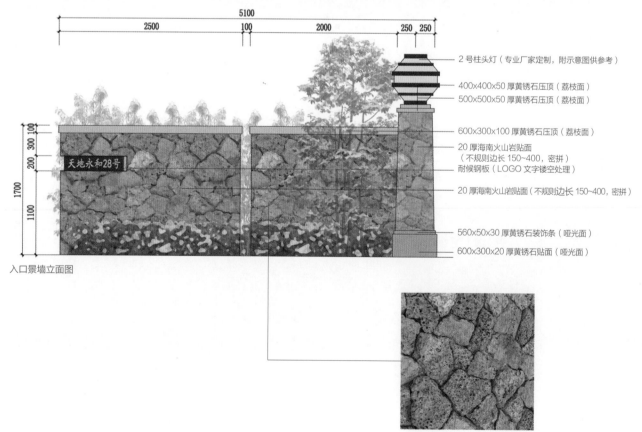

入口景墙立面图

火山岩贴面

2 号柱头灯（专业厂家定制，附示意图供参考）

400x400x50 厚黄锈石压顶（荔枝面）
500x500x50 厚黄锈石压顶（荔枝面）

600x300x100 厚黄锈石压顶（荔枝面）
20 厚海南火山岩贴面
（不规则边长 150~400，密拼）
耐候钢板（LOGO 文字镂空处理）

20 厚海南火山岩贴面（不规则边长 150~400，密拼）

560x50x30 厚黄锈石装饰条（哑光面）

600x300x20 厚黄锈石贴面（哑光面）

天地永和28号

● **节点效果分析**

跌水景墙

意向图

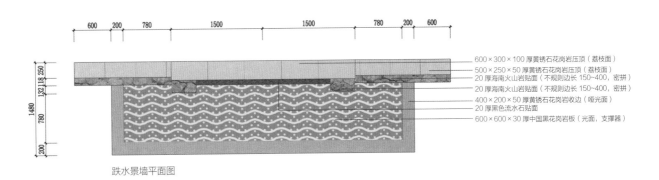

600×300×100 厚黄锈石花岗岩压顶（荔枝面）
500×250×50 厚黄锈石花岗岩压顶（荔枝面）
20 厚海南火山岩贴面（不规则边长 150~400，密拼）
20 厚海南火山岩贴面（不规则边长 150~400，密拼）
400×200×50 厚黄锈石花岗岩收边（哑光面）
20 厚黑色流水石贴面
600×600×30 厚中国黑花岗岩板（光面，支撑器）

跌水景墙平面图

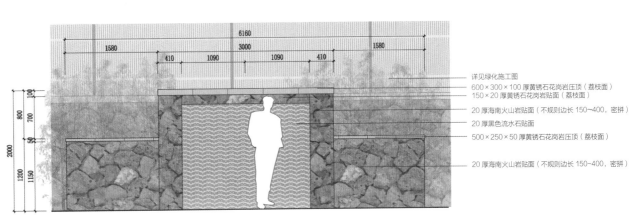

详见绿化施工图
600×300×100 厚黄锈石花岗岩压顶（荔枝面）
150×20 厚黄锈石花岗岩贴面（荔枝面）
20 厚海南火山岩贴面（不规则边长 150~400，密拼）
20 厚黑色流水石贴面
500×250×50 厚黄锈石花岗岩压顶（荔枝面）
20 厚海南火山岩贴面（不规则边长 150~400，密拼）

跌水景墙立面图

● **节点效果分析**

平台铺装

罗马拼意向图

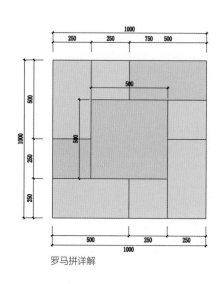

罗马拼详解

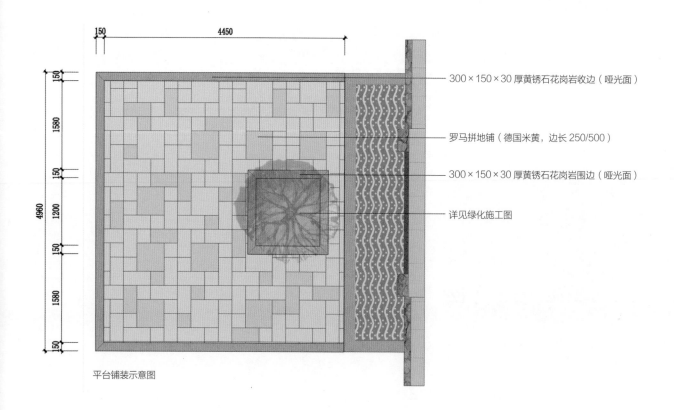

300×150×30 厚黄锈石花岗岩收边（哑光面）

罗马拼地铺（德国米黄，边长 250/500）

300×150×30 厚黄锈石花岗岩围边（哑光面）

详见绿化施工图

平台铺装示意图

● **节点效果分析**

入口铺装

意向图

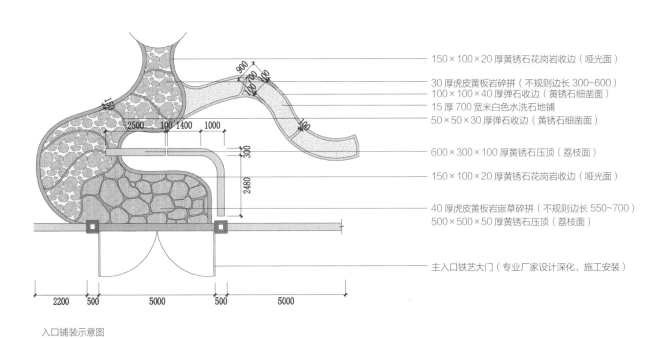

入口铺装示意图

150×100×20厚黄锈石花岗岩收边（哑光面）

30厚虎皮黄板岩碎拼（不规则边长300~600）
100×100×40厚弹石收边（黄锈石细凿面）
15厚700宽米白色水洗石地铺
50×50×30厚弹石收边（黄锈石细凿面）

600×300×100厚黄锈石压顶（荔枝面）

150×100×20厚黄锈石花岗岩收边（哑光面）

40厚虎皮黄板岩嵌草碎拼（不规则边长550~700）
500×500×50厚黄锈石压顶（荔枝面）

主入口铁艺大门（专业厂家设计深化，施工安装）

● 节点效果分析

花钵矮墙

意向图

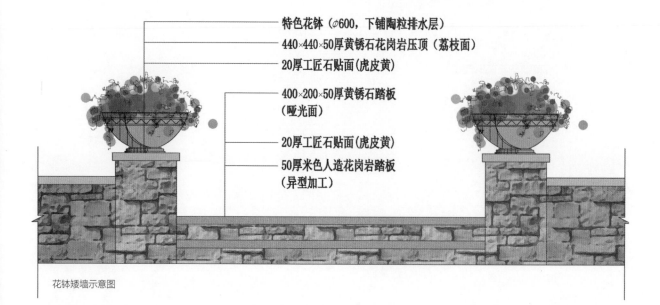

特色花钵（∅600，下铺陶粒排水层）

440×440×50厚黄锈石花岗岩压顶（荔枝面）

20厚工匠石贴面(虎皮黄)

400×200×50厚黄锈石踏板
（哑光面）

20厚工匠石贴面(虎皮黄)

50厚米色人造花岗岩踏板
（异型加工）

花钵矮墙示意图

● 节点效果分析

入户平台

100×100×30 厚黄锈石花岗岩（围边，哑光面）

300×100×30 厚黄锈石花岗岩（围边，哑光面）

300×300×30 厚黄锈石花岗岩（45°斜铺，荔枝面）

铺装纹样图

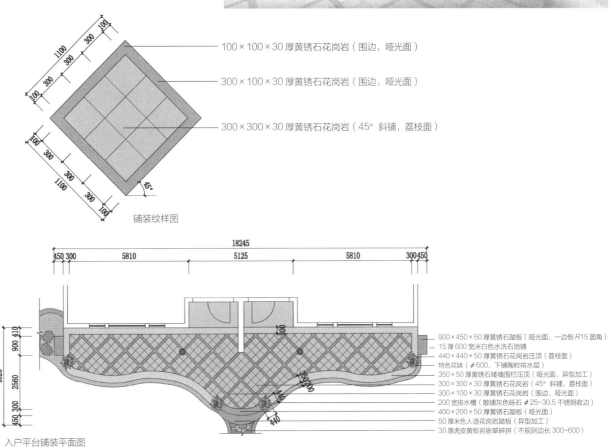

900×450×50 厚黄锈石踏板（哑光面，一边倒 R15 圆角）
15 厚 600 宽米白色水洗石地铺
440×440×50 厚黄锈石花岗岩压顶（荔枝面）
特色花钵（φ600，下铺陶粒排水层）
350×50 厚黄锈石矮围栏压顶（哑光面，异型加工）
300×300×30 厚黄锈石花岗岩（45°斜铺，荔枝面）
300×100×30 厚黄锈石花岗岩（围边，哑光面）
200 宽排水槽（散铺灰色砾石 φ25~30.5 不锈钢收边）
400×200×50 厚黄锈石踏板（哑光面）
50 厚米色人造花岗岩踏板（异型加工）
30 厚虎皮黄板岩嵌草碎拼（不规则边长 300~600）

入户平台铺装平面图

● 节点效果分析

园路铺装

意向图

意向图

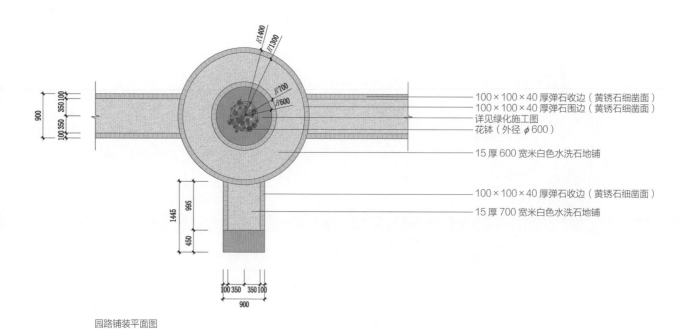

100×100×40 厚弹石收边（黄锈石细凿面）
100×100×40 厚弹石围边（黄锈石细凿面）
详见绿化施工图
花钵（外径 φ600）
15 厚 600 宽米白色水洗石地铺

100×100×40 厚弹石收边（黄锈石细凿面）
15 厚 700 宽米白色水洗石地铺

园路铺装平面图

● **节点效果分析**

休闲区

意向图

意向图

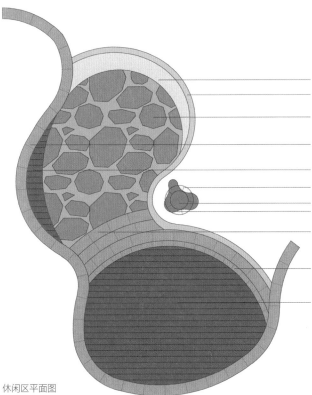

休闲区平面图

30 厚米色人造花岗岩（异型加工）

150 宽弧形挡土墙顶面
（20 厚腻子找平层，外喷米色仿花岗岩漆）

30 厚虎皮黄板岩嵌草碎拼（不规则边长 300~750）

600×300×50 厚黄锈石花岗岩压顶
（哑光面，按弧切割异型加工）

L×100×30 厚巴劳木坐凳板面（横向铺排，一边倒 R10 圆角）

150×50 厚白麻基座面板（小花光面，按弧切割异型加工）

50 厚白麻压顶面板（小花光面，ϕ 500）
雕塑（成品采购，抽象简洁风格）

600×300×30 厚黄锈石花岗岩踏板
（哑光面，按弧切割异型加工，一边倒 R10 圆角）

300×150×30 厚黄锈石花岗岩围边
（哑光面，按弧形切割异型加工，一边倒 R10 圆角）

L×100×40 厚巴劳木地板（留缝 1mm）

● **节点效果分析**

　　收缩门设备房

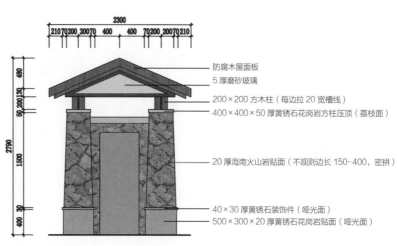

防腐木屋面板
5 厚磨砂玻璃
200×200 方木柱（每边拉 20 宽槽线）
400×400×50 厚黄锈石花岗岩方柱压顶（荔枝面）

20 厚海南火山岩贴面（不规则边长 150~400，密拼）

40×30 厚黄锈石装饰件（哑光面）
500×300×20 厚黄锈石花岗岩贴面（哑光面）

设备房正立面图

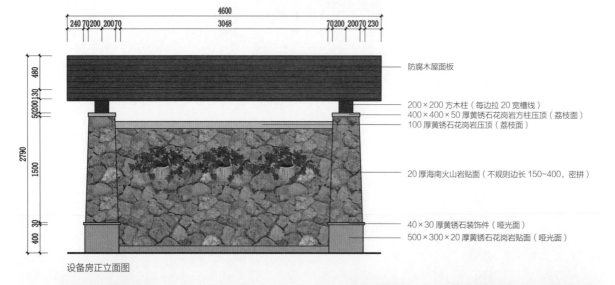

防腐木屋面板

200×200 方木柱（每边拉 20 宽槽线）
400×400×50 厚黄锈石花岗岩方柱压顶（荔枝面）
100 厚黄锈石花岗岩压顶（荔枝面）

20 厚海南火山岩贴面（不规则边长 150~400，密拼）

40×30 厚黄锈石装饰件（哑光面）
500×300×20 厚黄锈石花岗岩贴面（哑光面）

设备房正立面图

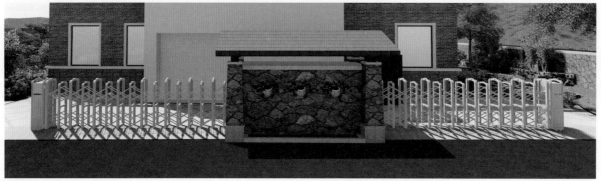

意向图

● 节点效果分析

工具房和玻璃温室

意向图

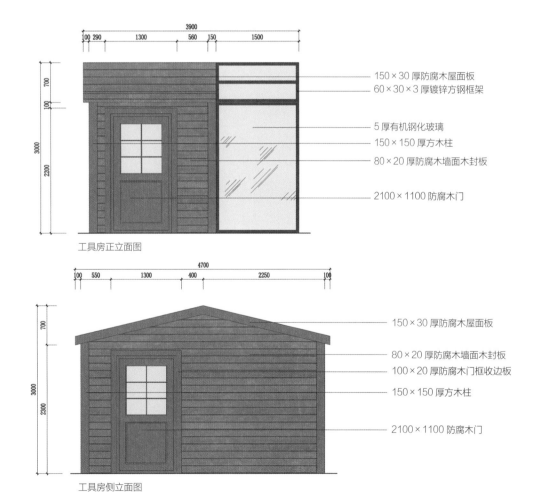

工具房正立面图

150×30 厚防腐木屋面板
60×30×3 厚镀锌方钢框架
5 厚有机钢化玻璃
150×150 厚方木柱
80×20 厚防腐木墙面木封板
2100×1100 防腐木门

工具房侧立面图

150×30 厚防腐木屋面板
80×20 厚防腐木墙面木封板
100×20 厚防腐木门框收边板
150×150 厚方木柱
2100×1100 防腐木门

● **植物意向**

上层乔木

● 植物意向

下层灌木

八角金盘

无尽夏

大叶黄杨

红花檵木球

龟甲冬青球

红叶石楠

● 植物意向

上层乔木

● 植物意向

时令花卉

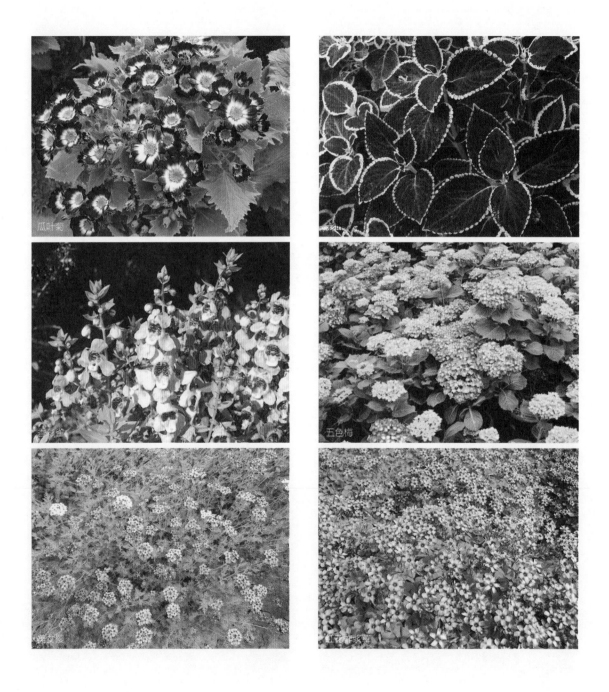

图 纸 目 录

建设单位					工程编号	
工程名称					设计阶段	施工图
子项名称					专业	景观
序号	图号	图 纸 名 称	版次	图幅	专业	备注
21	LD-15	户外墙护坡立面图/D-D/E-E剖面图		A3		
22	LD-16	1号挡墙顶平面图/正立面图;1号柱灯示意图		A3		
23	LD-17	1号/2号不锈钢镜长大样图;2号墙正立面图		A3		
24	LD-18	入口墙正立面图;3号柱灯示意图,入户台挡墙立面图;入户墙体东西大样		A3		
25	LD-19	P-P/G-G剖面图;1号铺装平台尺寸平面图		A3		
26	LD-20	水景墙平面图/正立面图		A3		
27	LD-21	H-H剖面图		A3		
28	LD-22	水景树墙立面图:罗马外单元六样水表区;铺装平面图;排水槽剖面图		A3		
29	LD-23	停车区表磨墙立面图:剖面图/正立面图		A3		
30	LD-24	工具房,壶龙正立面图/侧立面图		A3		
31	LD-25	入口大门,竹篱笆立面图,入口大门立柱剖面图		A3		
	绿化部分					
32	LS-1	绿化总平面图		A3		
33	LS-2	上木总平面图		A3		
34	LS-3	下木总平面图		A3		
专业负责人		填表人		日期	20170310	共 2 页　第 2 页

图 纸 目 录

建设单位					工程编号	
工程名称					设计阶段	施工图
子项名称					专业	景观
序号	图号	图 纸 名 称	版次	图幅	专业	备注
	总图部分					
01	LP-1	庭院总平面图				
02	LP-2	铺装总平面图		A3		
03	LP-3	竖向标高总平面图		A3		
04	LP-4	尺寸标注总平面图		A3		
05	LP-5	放样总平面图		A3		
06	LP-6	灯具布置总平面图		A3		
	详图部分					
07	LD-01	下沉休闲区放样图		A3		
08	LD-02	下沉休闲区平面图		A3		
09	LD-03	下沉休闲区尺寸标高图		A3		
10	LD-04	A-A/B-B剖面图		A3		
11	LD-05	入户/主入口铺装平台平面图		A3		
12	LD-06	入户/主入口铺装平台放样图		A3		
13	LD-07	坐护会客区放样图		A3		
14	LD-08	坐护会客区平面图		A3		
15	LD-09	坐护会客区尺寸标高图		A3		
16	LD-10	方本正立面图		A3		
17	LD-11	C-C剖立面图		A3		
18	LD-12	方本木结构布置图		A3		
19	LD-13	方本础布置图:DL-1/J-1大样图		A3		
20	LD-14	户外墙护平面图/正立面图		A3		
专业负责人		填表人		日期	20170310	共 2 页　第 1 页

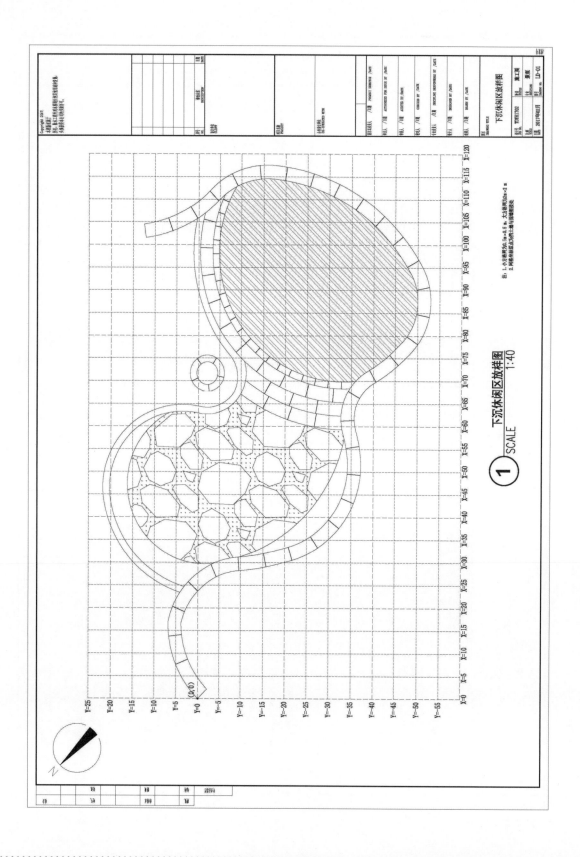

下沉休闲区放样图

1　下沉休闲区放样图
SCALE　1:40

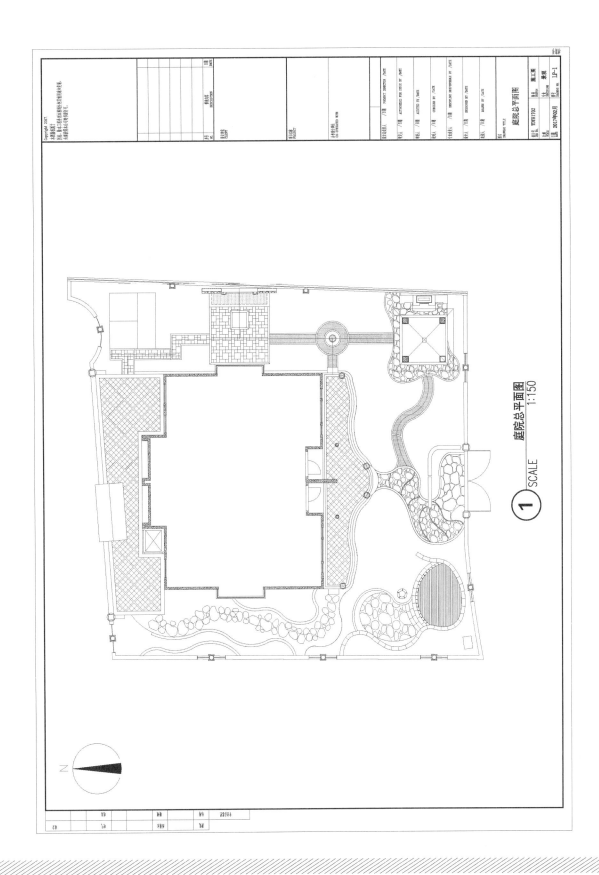

庭院总平面图
SCALE 1:150

①

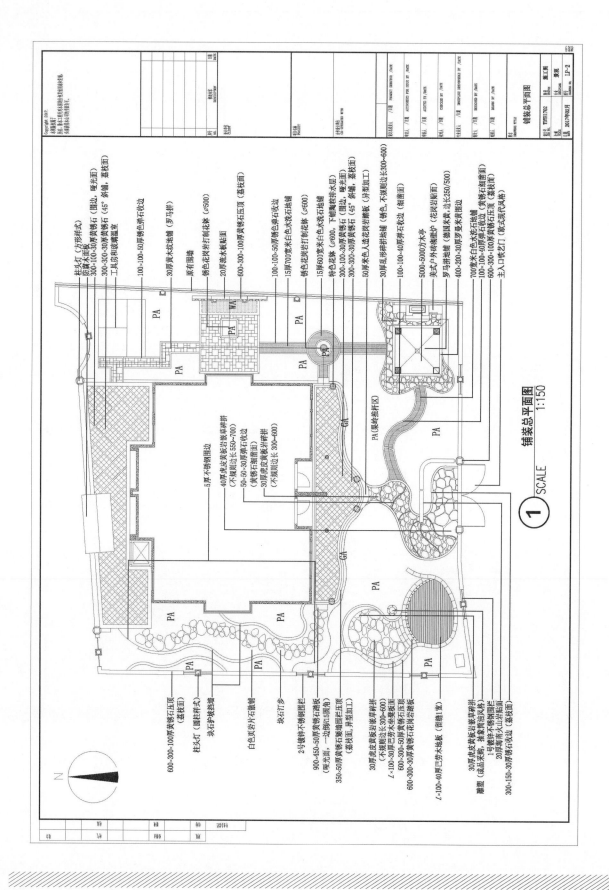

铺装总平面图

SCALE　1:150

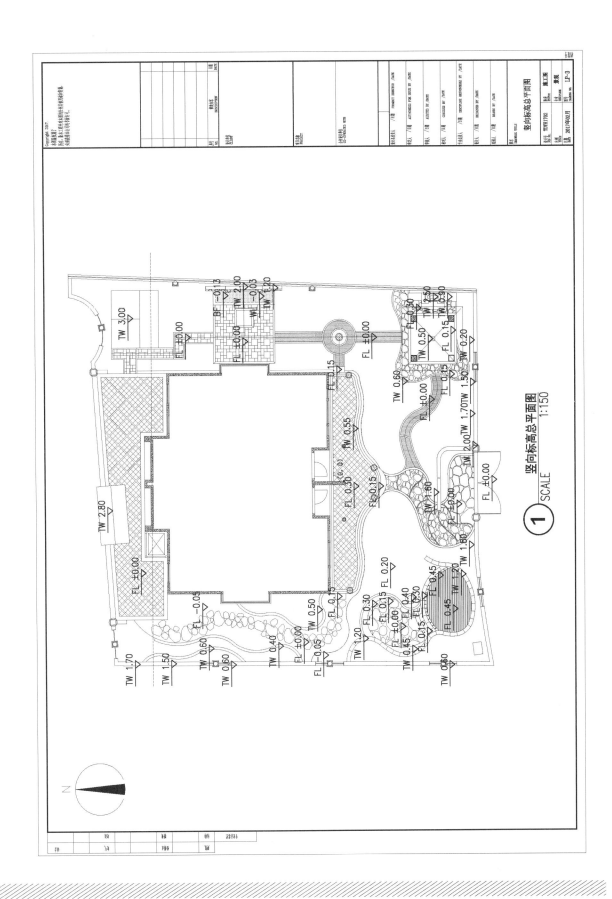

竖向标高总平面图 1:150

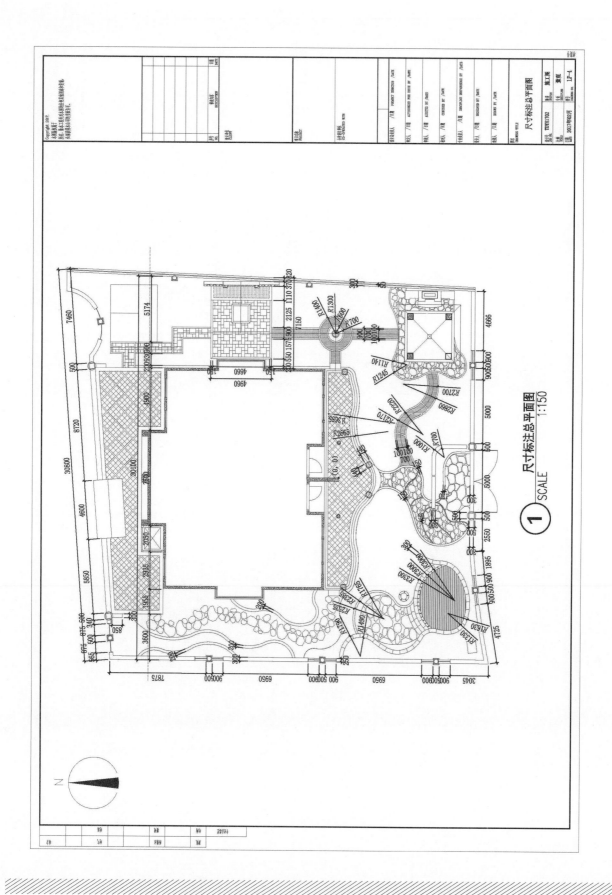

尺寸标注总平面图

1 SCALE 1:150

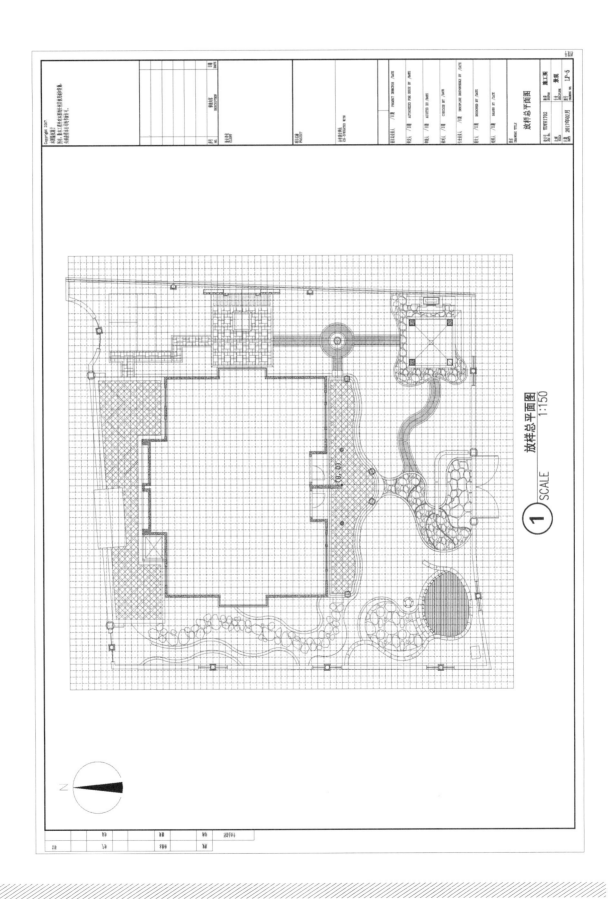

放样总平面图
1:150

① SCALE

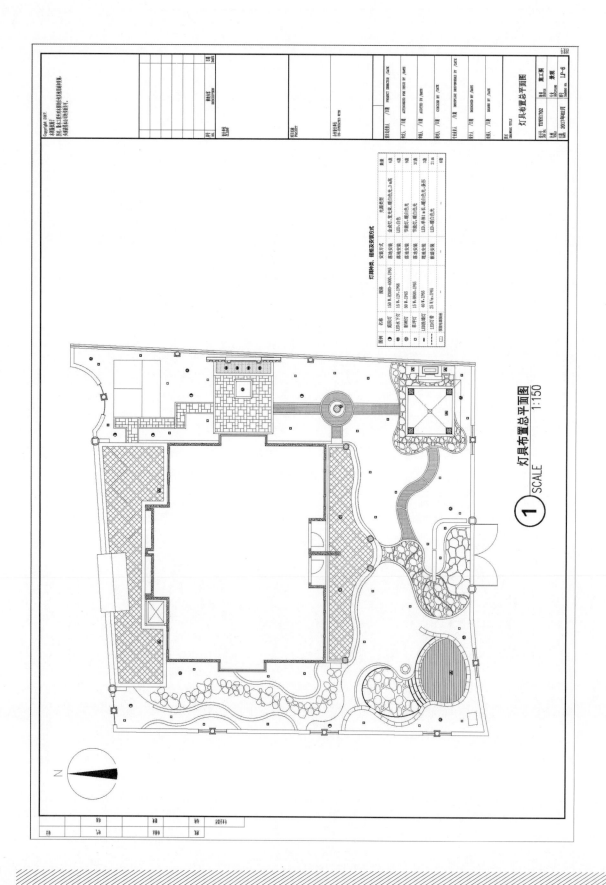

灯具布置总平面图 1:150

① SCALE

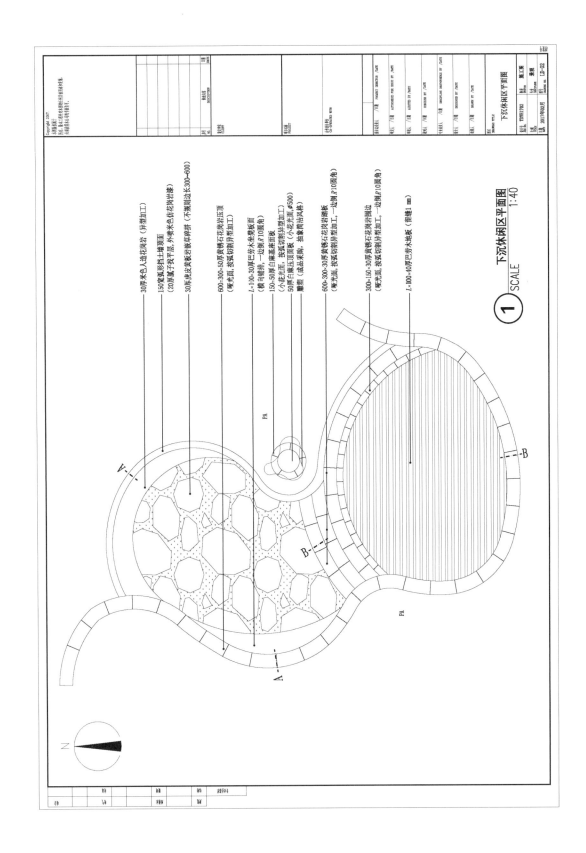

下沉休闲区平面图　1:40

30厚米色人造花岗岩（异型加工）

150宽矩形土壤顶面
（20厚氯丁胶平层，外喷米色仿花岗岩漆）

30厚绿皮板岩碎草碎拼（不规则边长300~600）

600~300~50厚黄锈石花岗岩压顶
（哑光面，按弧切割异型加工）

L×100~30厚巴劳木坐凳板面
（横向铺排，一边倒R10圆角）

150~50厚白麻基座面板

50厚白麻压顶面板（小花光面，ϕ500）

雕塑（成品花钵，抽象雕塑风格）

600~300~30厚黄锈石花岗岩挡板
（哑光面，按弧切割异型加工，一边倒R10圆角）

300~150~30厚黄锈石花岗岩围边
（哑光面，按弧切割异型加工，一边倒R10圆角）

L×100~40厚巴劳木地板（留缝1mm）

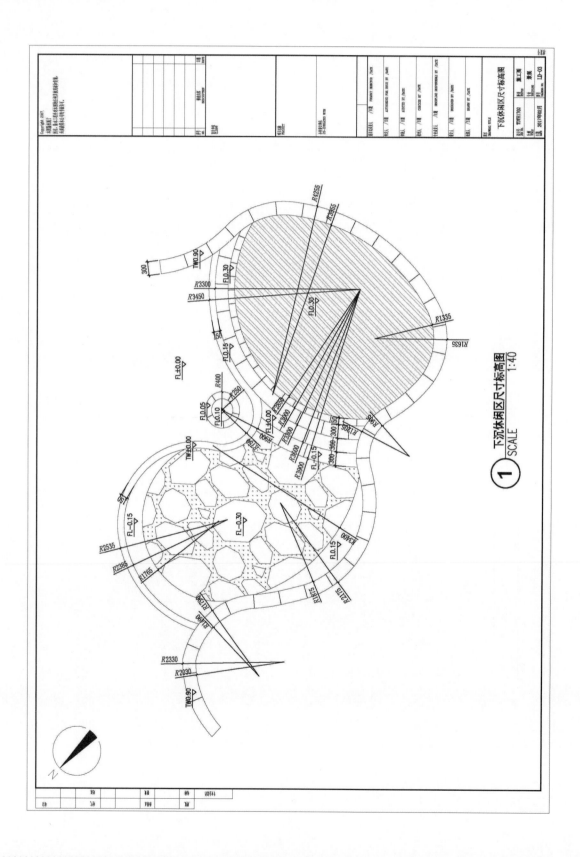

下沉休闲区尺寸标高图
SCALE 1:40

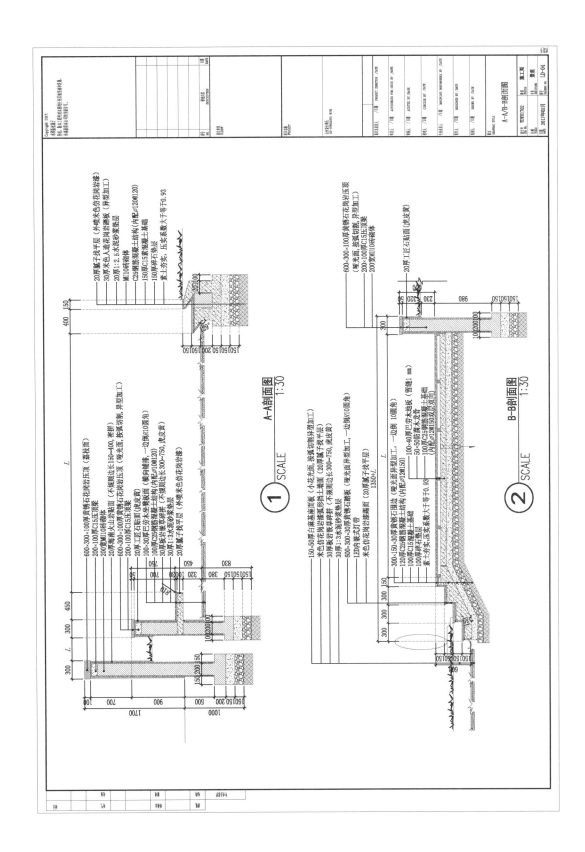

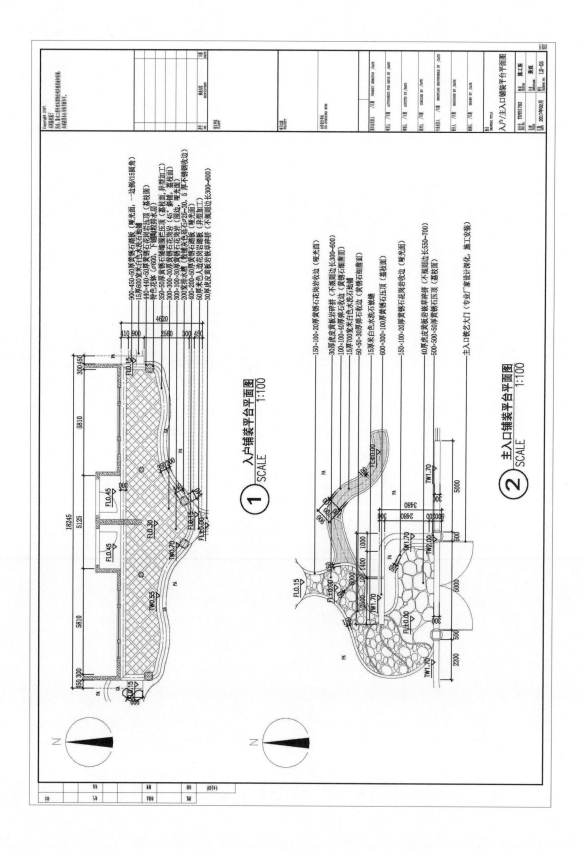

入户铺装平台平面图　1:100

主入口铺装平台平面图　1:100

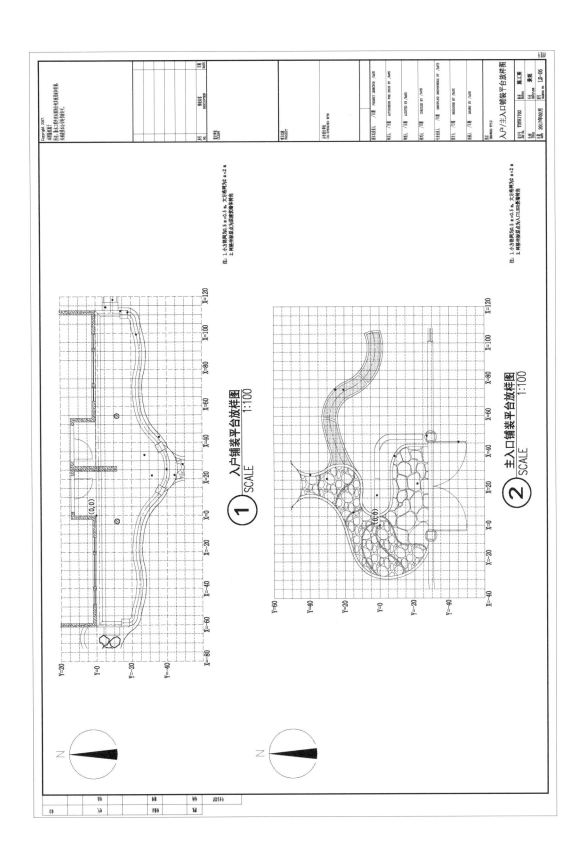

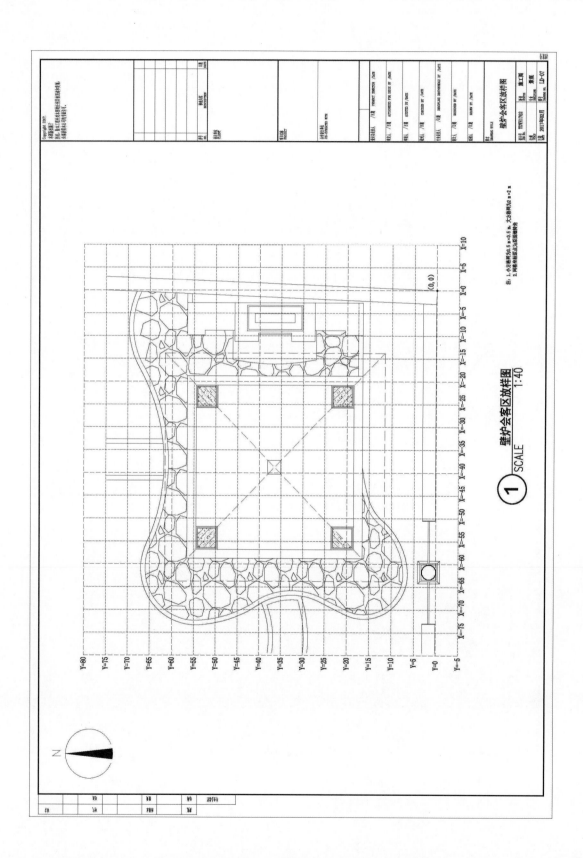

① 壁炉会客区放样图
SCALE 1:40

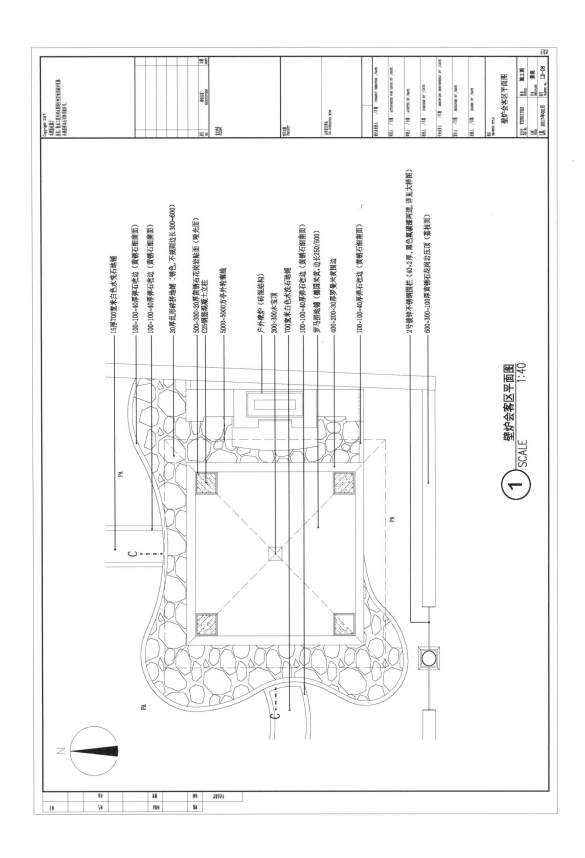

壁炉会客区平面图
SCALE 1:40

15厚700宽米白色水洗石地铺

100×100×40厚弹石收边（黄锈石细墙面）

100×100×40厚弹石收边（黄锈石细墙面）

30厚乱形碎拼地铺（锈色,不规则边长300~600）

500×300×20厚黄锈石剁斧岩贴面（哑光面）

C25钢筋混凝土立柱

5000~5000万字外轮零线

户外壁炉（砼混结构）

300×300木宝顶

700宽米白色水洗石地铺

100×100×40厚弹石收边（黄锈石细墙面）

罗马拼地铺（德国米黄,边长250/500）

400×200×30厚罗曼米黄围边

100×100×40厚弹石收边（黄锈石细墙面）

2号镀锌不锈钢围栏（40×2厚,黑色氟碳漆两遍,详见大样图）

600×300×100厚黄锈石花岗岩压顶（盖枝面）

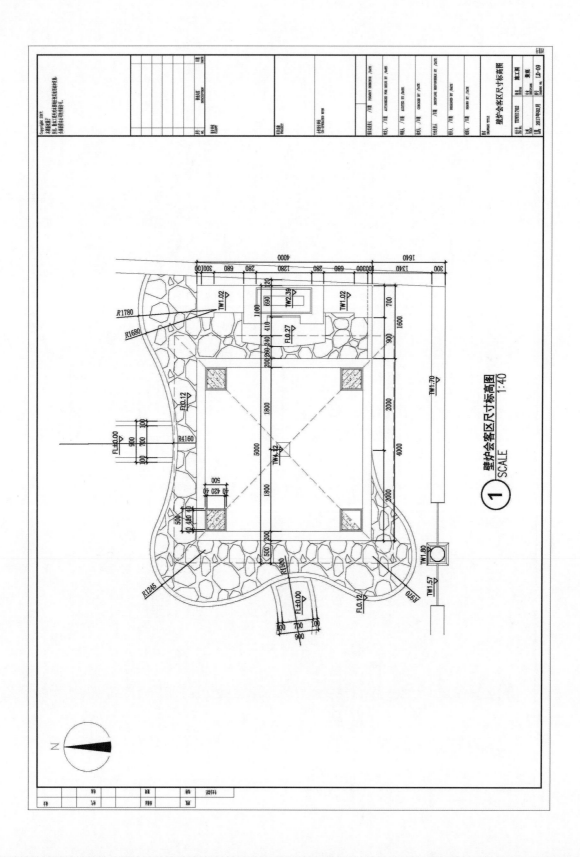

壁炉会客区尺寸标高图
SCALE 1:40

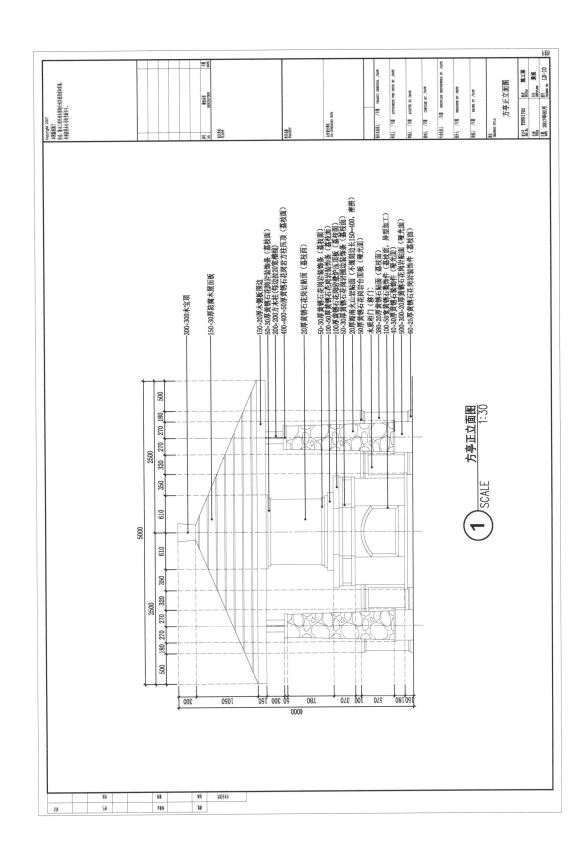

方亭正立面图
1:30

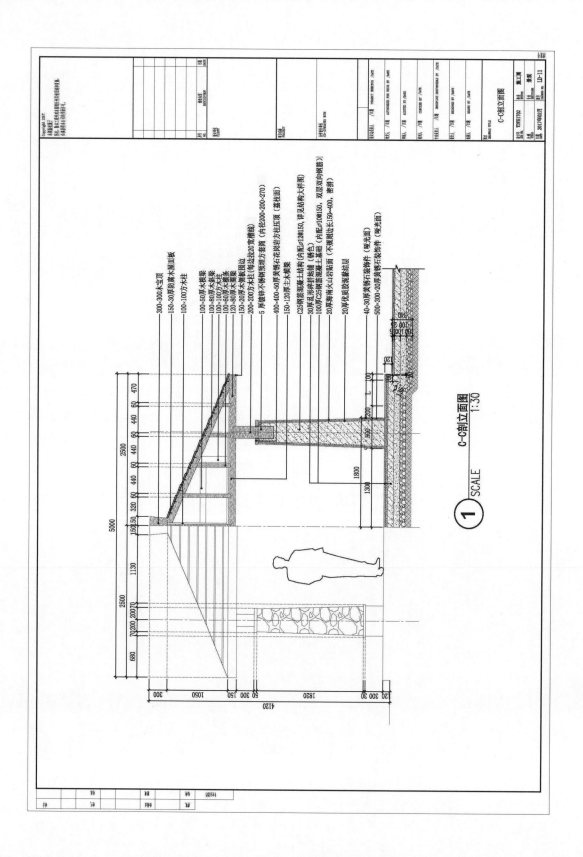

C-C剖立面图　1:30

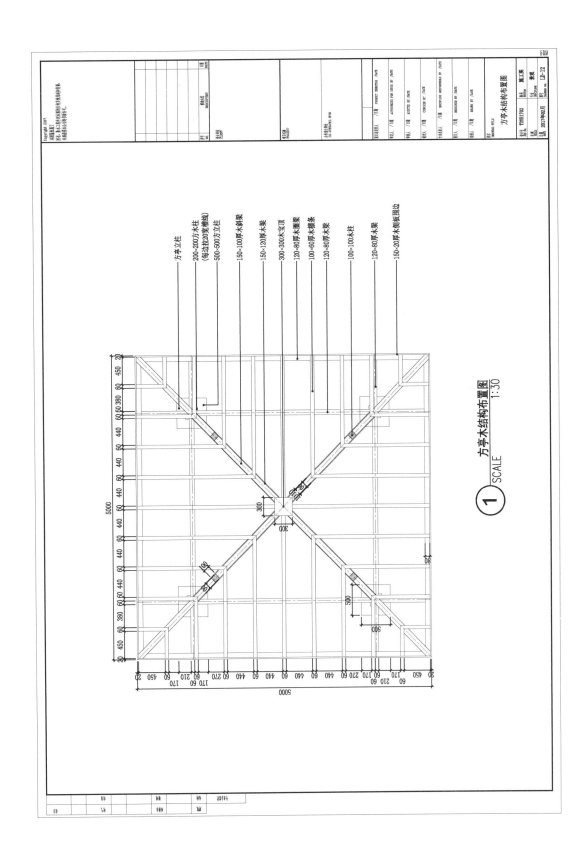

方亭木结构布置图
1:30

方亭立柱
200×200方木柱
(每边拉20宽槽线)
500×500方立柱
150×100厚木斜梁
150×120厚木梁
300×300木宝顶
120×80厚木圈梁
100×60厚木檩条
120×80厚木梁
100×100木柱
120×80厚木梁
150×20厚木板板围边

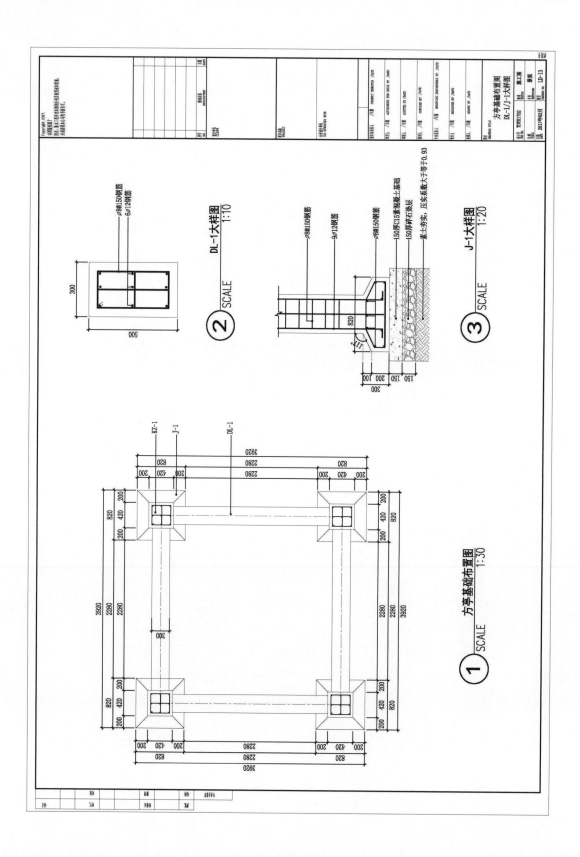

方亭基础布置图
DL-1/J-1大样图

DL-1大样图
1:10
②SCALE

J-1大样图
1:20
③SCALE

方亭基础布置图
1:30
①SCALE

∅8@150钢筋
6∅12钢筋

∅9@150钢筋
9∅12钢筋
∅2@150钢筋

150厚C15素混凝土基础
150厚碎石垫层
素土夯实，压实系数大于等于0.93

KZ-1
J-1
DL-1

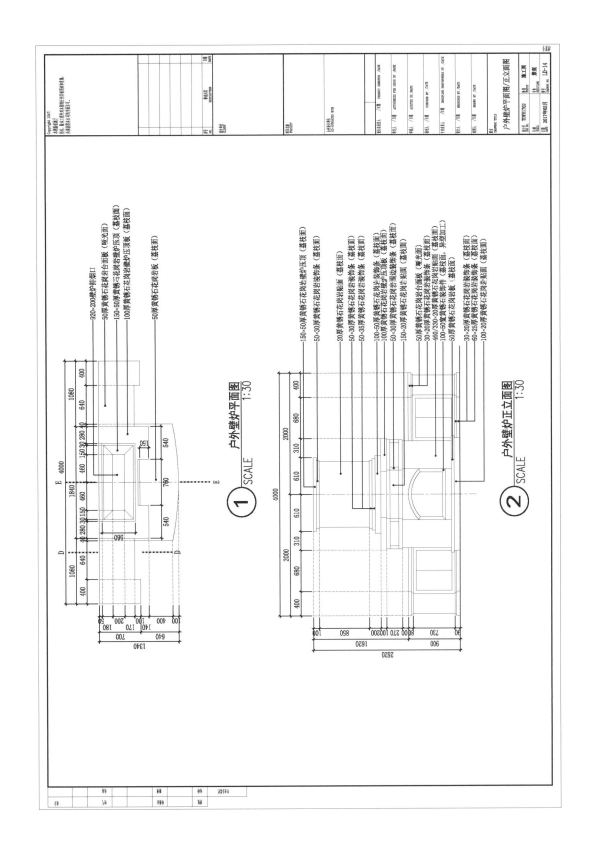

户外壁炉平面图 1:30

户外壁炉正立面图 1:30

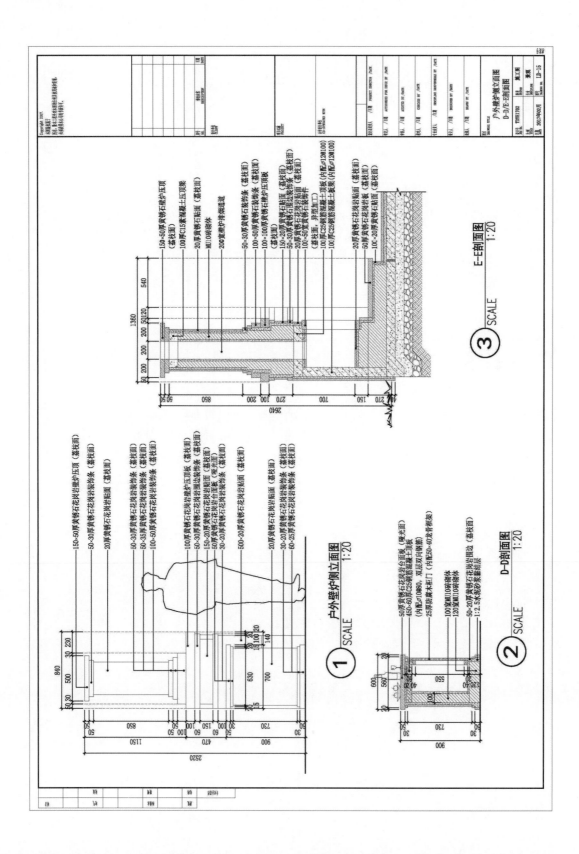

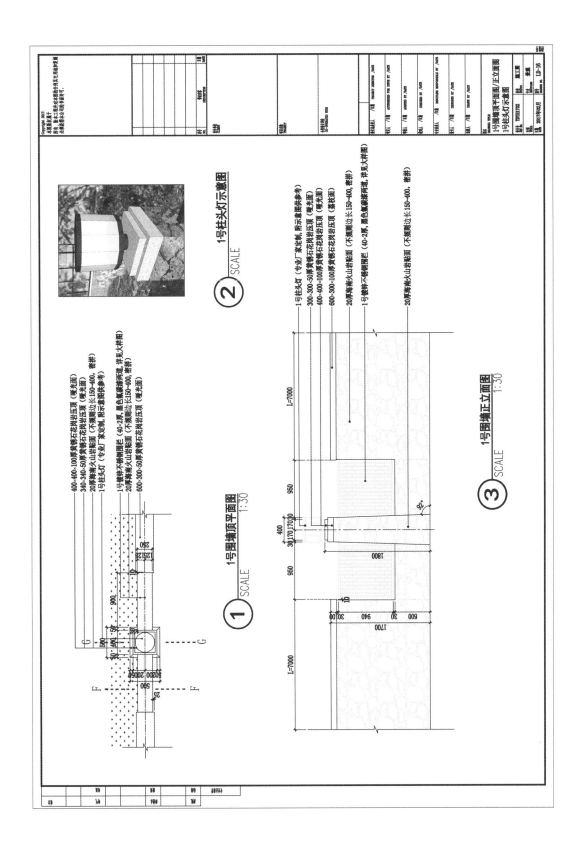

1号墙顶平面图 1:30

1号柱头灯示意图

1号围墙正立面图 1:30

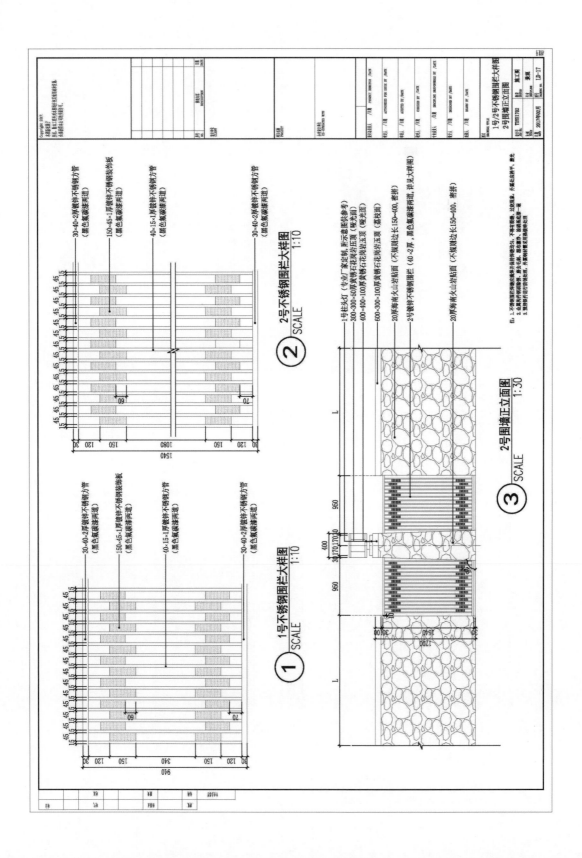

30×40-2厚镀锌不锈钢方管
（黑色氟碳漆两道）

150×45-1厚镀锌不锈钢装饰板
（黑色氟碳漆两道）

40×15-1厚镀锌不锈钢方管
（黑色氟碳漆两道）

30×40-2厚镀锌不锈钢方管
（黑色氟碳漆两道）

2号不锈钢围栏大样图　1:10

30×40-2厚镀锌不锈钢方管
（黑色氟碳漆两道）

150×45-1厚镀锌不锈钢装饰板
（黑色氟碳漆两道）

40×15-1厚镀锌不锈钢方管
（黑色氟碳漆两道）

30×40-2厚镀锌不锈钢方管
（黑色氟碳漆两道）

1号不锈钢围栏大样图　1:10

1号柱头灯（专业厂家定制，按示意图样参考）
300×300-50厚黄锈石花岗岩压顶（哑光面）
400×400-100厚黄锈石花岗岩正顶（哑光面）
600×300-100厚黄锈石花岗岩正顶（荔枝面）
20厚海南火山岩贴面（不规则边长150～400，密拼）
2号镀锌不锈钢围栏（40-2厚，黑色氟碳漆两道，详见大样图）
20厚海南火山岩贴面（不规则边长150～400，密拼）

2号围墙正立面图　1:30

注：1.不锈钢围栏整体表面处理须阴阳角分缝整齐均匀，不得有焊接点，无划痕凹凸，无锈点，无毛刺划伤。
2.金属表面处理须光洁平整，表面亮丽，色泽一致，黑色氟碳漆，安装接缝均匀一致。
3.黑锈钢表面处理的地方如出现出不规则面，外露钢材须采用抗氧化处理。

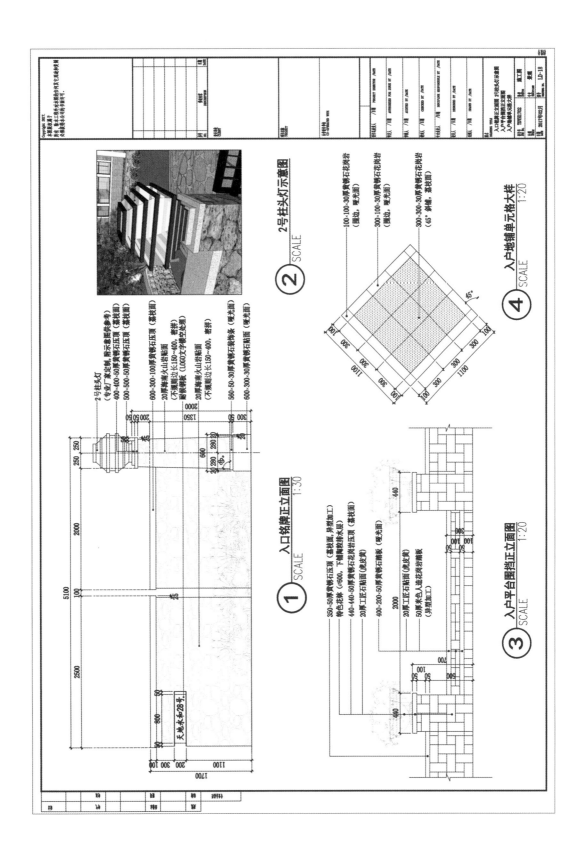

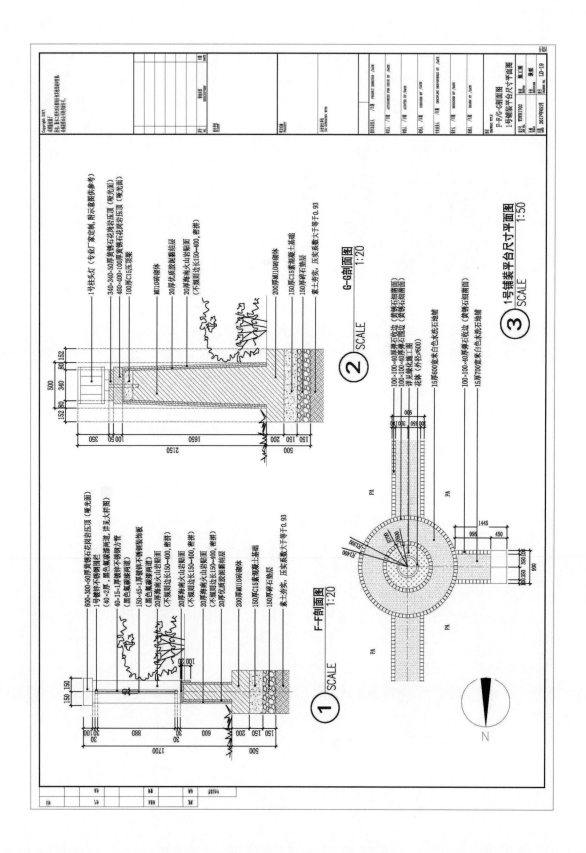

F-F剖面图 1:20

G-G剖面图 1:20

1号铺装平台尺寸平面图 1:50

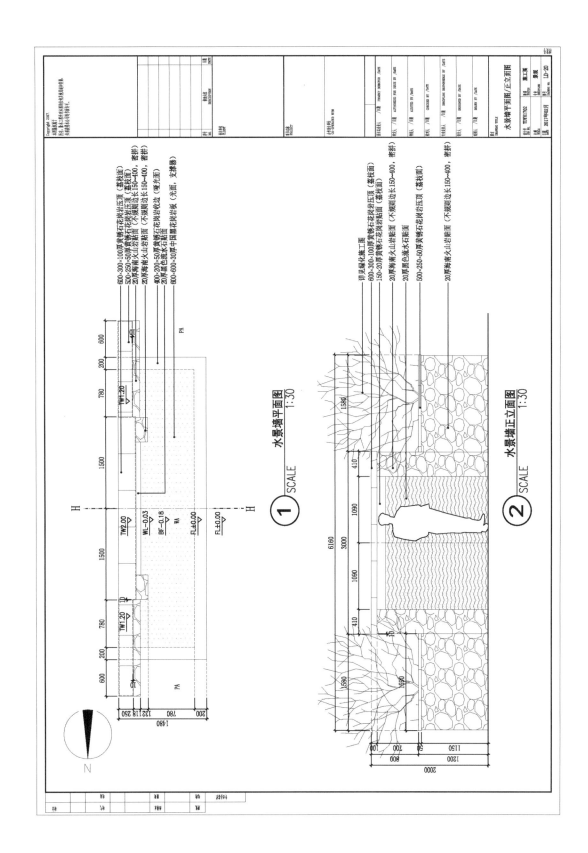

水景墙平面图　1:30

水景墙正立面图　1:30

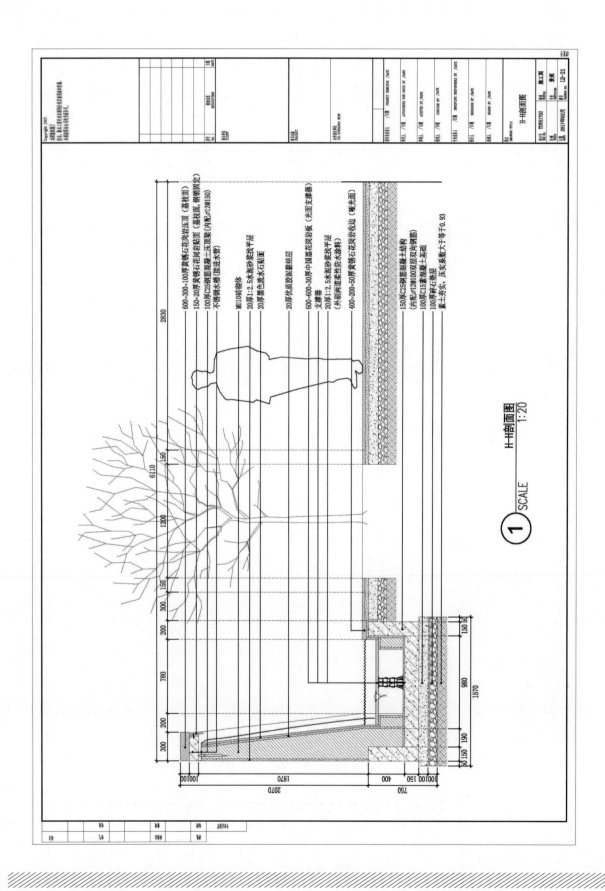

H-H剖面图
1:20

① SCALE

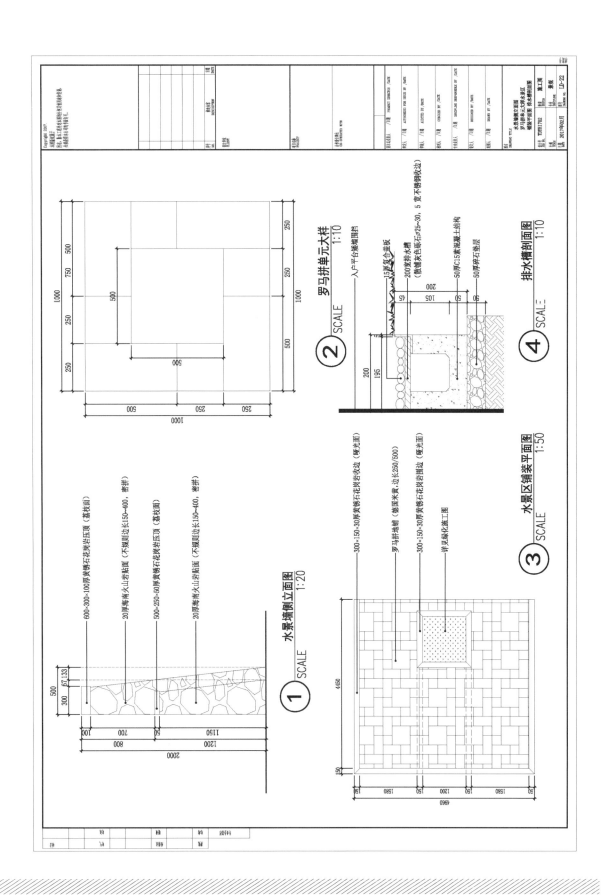

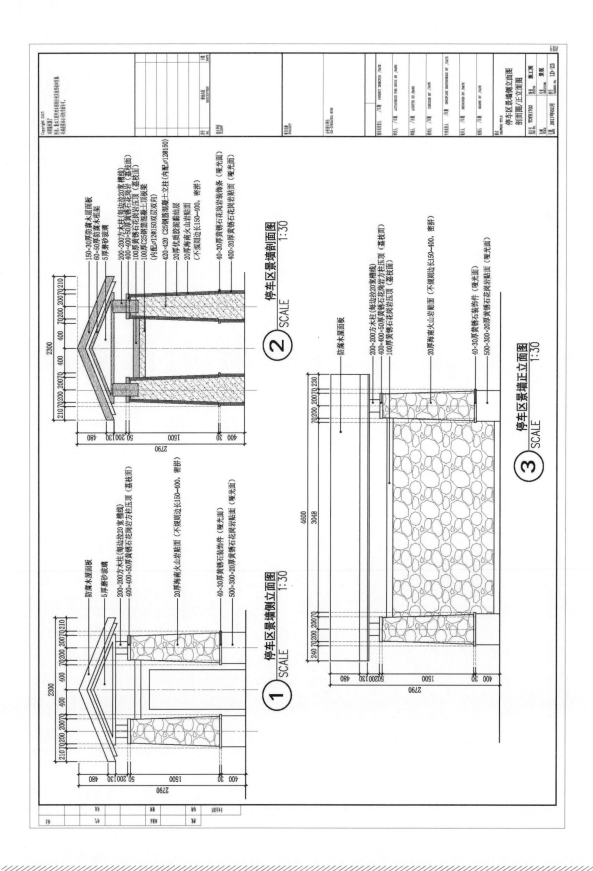

停车区景墙侧立面图 1:30

停车区景墙剖面图 1:30

停车区景墙正立面图 1:30

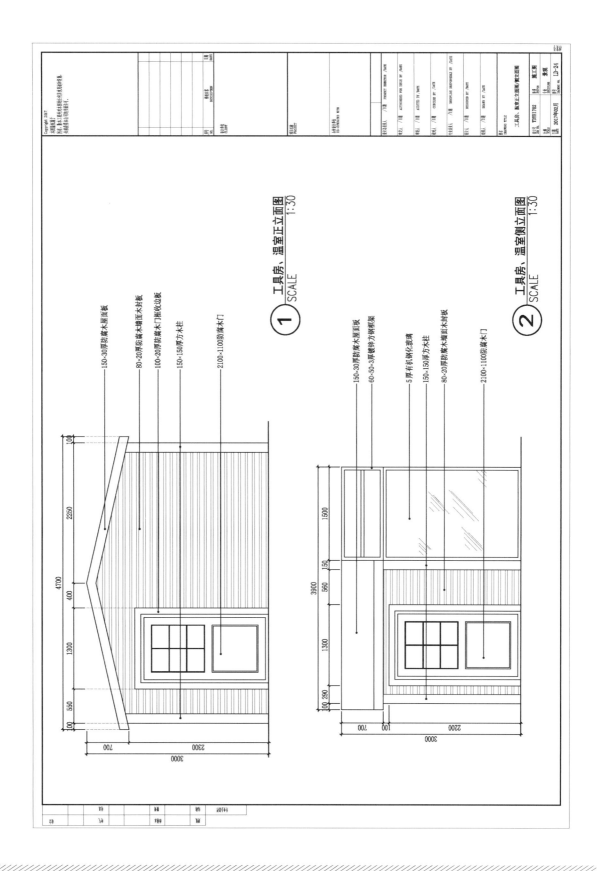

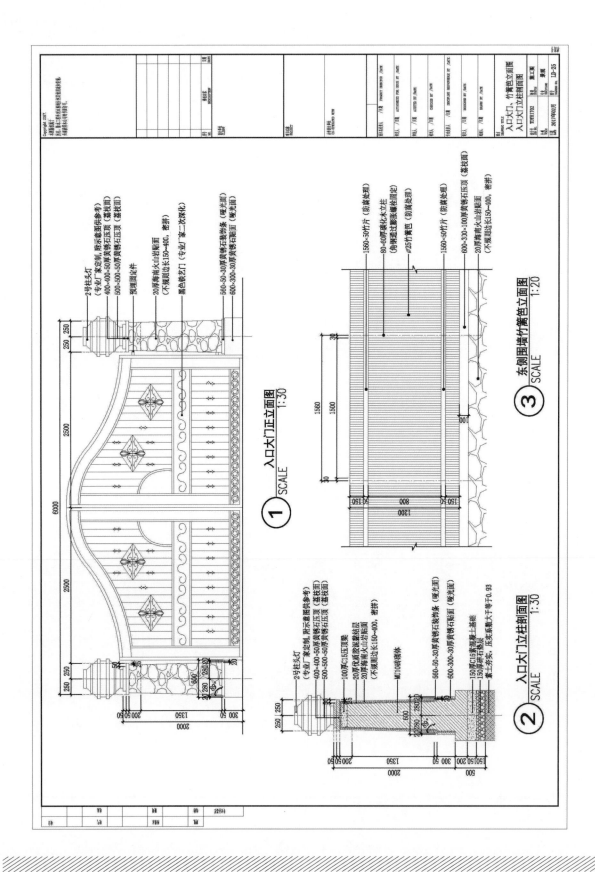

① 入口大门正立面图　SCALE 1:30

② 入口大门立柱剖面图　SCALE 1:30

③ 东侧围墙竹篱色立面图　SCALE 1:20

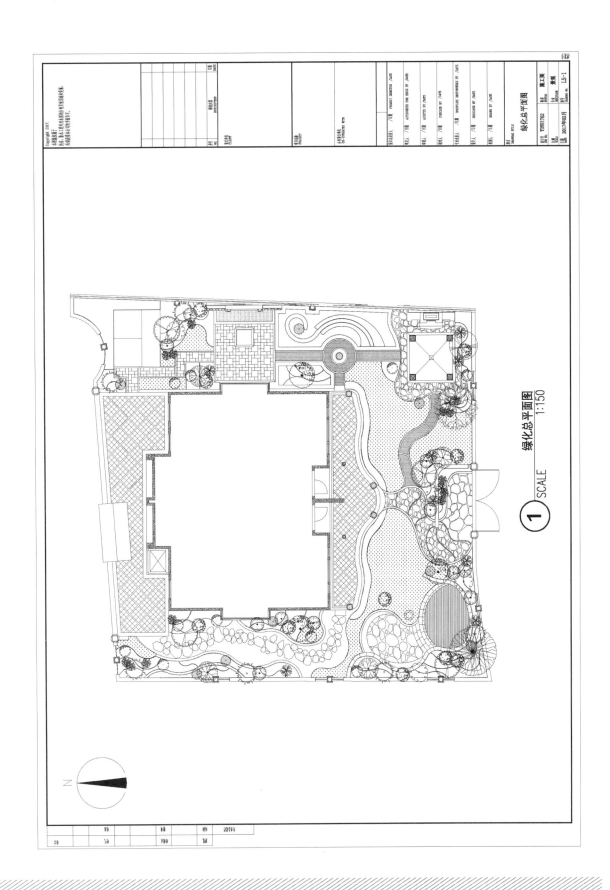

绿化总平面图 1:150

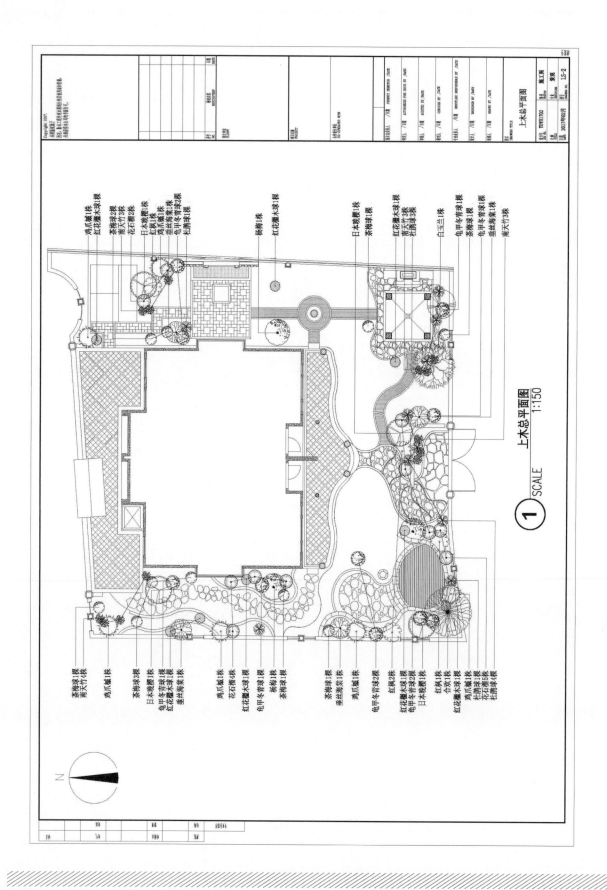

上木总平面图
SCALE 1:150

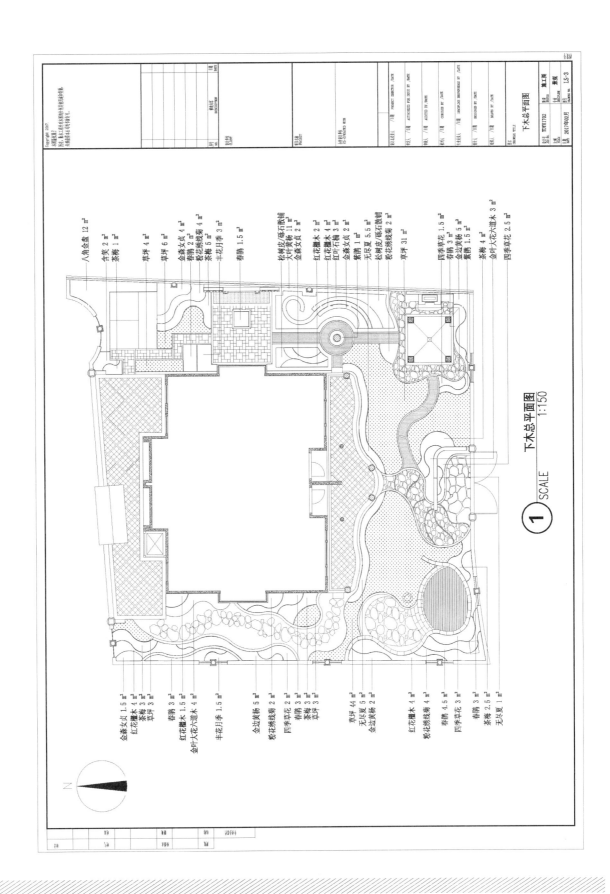

乔木总平面图
1:150
1 SCALE

第三章　庭院工程施工工艺标准指导意见

一、地面基础工程

（一）工艺流程图

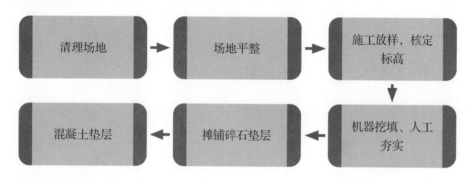

（二）工艺流程步骤详解

1. 清理场地

对施工场地内所有垃圾、杂草、杂物等进行全面清理。

> **注意事项**
>
> 　　1. 清除前先向甲方征询地下管理线分线分布情况及相关地块管线分布图，以安全施工为前提，遇到不明确的情况及时向有关单位咨询，弄清楚情况，并请有关人员到相关地块现场认定，要在确保万无一失的情况下施工。进场后要按计划做好清场工作，清除绿地范围内的建筑垃圾。
>
> 　　2. 要熟悉掌握设计地坪标高和乔灌木、大树、草坪位置。草坪地块种植土厚度控制在 50 cm 以上，相应的建筑垃圾必须挖至设计草坪标高以下 50 cm。
>
> 　　3. 在大树和乔木地块，建筑垃圾必须挖 1.5 m 深，周围 2～3 m 范围内全部清除，特别是遇到混凝土构件或其他硬质大块材料时，必须给予清除，若机械无法使用，需人工进行凿除或者破碎及翻挖，部分建筑垃圾外运至指定弃点。

2. 场地平整

严格按设计标准和景观要求，土方回填平整至设计标高，对场地进行翻挖，草皮种植土层厚度不小于 30 cm，花坛种植土层厚度不小于 40 cm，乔木种植土层厚度不小于 70 cm，破碎表土整理成符合要求的平面或曲面，按图纸设计要求进行整势整坡工作。标高应符合要求，有特殊情况与业主共同商定处理。

3. 施工放样，核定标高

把设计图纸上工程建筑物的平面位置和高程，用一定的测量仪器和方法测设到实地上去的测量工作称为施工放样（也称施工放线）。测图工作是利用控制点测定地面上地形特征点，再缩绘到图上。施工放样则与此相反，是根据建筑物的设计尺寸，找出建筑物各部分特征点与控制点之间位置的几何关系，算得距离、角度、高程、坐标等放样数据，然后利用控制点，在实地上定出建筑物的特征点，据以施工。

（1）花园施工放样的重要性：屋顶及庭院花园绿化工程的内容通过施工来表达，施工的技巧很大程度上受放样的制约，可以说放样是整个工程中的重中之重。放样要把作品的意境融入实体，如果只是单纯地照搬照抄，那就体现不出设计师追求的理念，作品只有形而没有神。所以做一名施工放样人员，首先要理解、把握作品的内在，然后才能表达作品的意图。

（2）花园施工放样的内容：工程施工按对象不同，可分为土方施工放样、绿化种植放样和硬景放样。

土方施工放样：包括平整场地的放线和自然地形的放线。平整场地的放线，即是施工范围的确定。地形的放线是室外环境中一个重要的因素，是整个景观环境的骨架，它直接影响着外部空间的美学特征、空间感、视野、小气候等，是其他要素的基底和依托。在园林中，常常通过地形的变化起伏来突出植物景观的变化。放样的具体手法常用方格网法。

绿化种植放样：绿化种植是绿化工程的主体，植物景观是设计师作品中的主要构成元素。放样依栽植方式的不同，可采用自然式、整体式、等距弧线等方法达到目的。在三者之中，自然式放样最不易掌握。绿化施工不同于建筑施工，有时一棵乔灌木的位置没有明确的界限，只能根据其体量、色彩和外部环境的协调性做出最佳的选择。

硬景放样：包括园路、休闲平台、水系水景、景亭、廊架、景墙、挡土墙、花坛、小品等一系列硬质景观元素。对园路、休闲平台、水系等硬质铺地类可根据施工图中坐标方格网将坐标测设到场地上并打桩标定，然后以坐标桩点为准，在场地地面上放出场地的边线，需要注意场地边线的流畅自然，必要时砌筑砖模，施工时要考虑合理的排水放坡。对于景亭、廊架、景墙、花坛、小品等构筑物，可根据施工图中的坐标测设到场地上定点，同时可选建筑墙体或其他参照物核对

样点的精确性。放样过程中遇到图纸尺寸、标高与现场不符时，须及时通知设计师结合现场灵活调整。

（3）核定标高：根据室内建筑确定室外标高，用水准仪或者红外线仪确定室外标高，误差小于10 mm，按照施工图要求现场撒灰线、打标高桩以及了解地下的管线的位置及埋置深度。

小贴士

花园竖向及排水规范（图3-1）：

1. 进场前首要任务为：确定花园标高，保持土方平衡，保证整个院落排水通畅。

2. 找到花园雨水井和污水井，根据院落排水管井位置，确定雨水走向。

3. 砌筑雨水井，所有雨水池壁压光处理，顶部放置雨水篦子。

图3-1　花园竖向及排水规范的各项步骤

放样小技巧

使用勾股定理，从建筑角点找平行线：

1. 确定一根建筑边线，作为放线原始边线。

2. 根据勾股定理，找出直角线，拉等长，找出第一根平行线。

3. 用同样的方式确定下一个直角。

说明：

1. 进场时多带些长木条，根据勾股定埋提前制作一个大型的直角尺，可以加快放线速度，不用每次都使用勾股定理重新测量。

2. 撒白灰，找到位置关系。

3. 确定场地标高，现场定桩点，确定场地标高和排水方向。

4. 机器挖填，人工夯实

根据现场情况选择是否使用机器挖土平土（图 3-2、图 3-3），如果使用机器挖土，应预留 100 mm 厚余土，用人工平整及夯实，基土回填应采用分层回填，人工基土平整度误差不大于 30 mm，分层回填厚度不小于 200 mm，夯实密度不小于 95%，如果密实度尚未达到设计要求，应不断夯实或换填再夯实。

图 3-2　人工平整及夯实

图 3-3　机器挖土平土

5. 摊铺碎石垫层

摊铺碎石垫层之前按照混凝土垫层完成面标高支设两侧模板，碎石摊铺均匀拍实，碎石粒径为 20 ～ 30 mm；铺设厚度为 50 mm，平整度误差不大于 20 mm（图 3-4、图 3-5）。

图 3-4 摊铺碎石垫层

图 3-5 碎石摊铺均匀拍实

6. 混凝土垫层

混凝土搅拌应根据配比标准进行配比，浇混凝土时若需振捣，应加振捣费，用振捣棒振捣，要注意快插慢拔，木拉板拉平，混凝土强度等级为 C15（配合比见表 3-1），厚度为 100 mm；标高误差小于或等于 10 mm；考虑排水坡度，做标高辅助线，模板尺寸应比铺装尺寸线四周各进 15 ～ 25 mm（图 3-6、图 3-7）。

图 3-6 浇混凝土时木拉板拉平

图 3-7 根据配比标准进行配比

表 3-1　混凝土配合比

混凝土强度等级	砂子种类	石子最大粒径（mm）	配合比（每立方米混凝土）
C15	中砂	20 ～ 30	水泥 3 袋：砂 0.37 m³：碎石 0.57 m³：水 0.16 m³

注：混凝土搅拌遵循干拌 3 遍、湿拌 4 遍。

施工小技巧

1. 挖土方过程中挖出的种植土，要临时堆放在空地边，以后再填入花坛和种植地中。

2. 对场地进行找坡，场地内各地面排水坡度不低于 5/1000 ～ 10/1000。气温低于 – 5℃时严禁施工。

3. 待混凝土铺设 12 小时后，应进行洒水养护，如果是冬季，应做好保温养护。

4. 地基土方回填：

①回填土时若是栽植区域，应择出废渣、石块。

②挡墙背后回填土时，注意泄水管的位置，回填高度在泄水管处时，应做疏水层，然后再回填，每回填 30 cm 厚夯实一次，随回填随分层夯实。

③回填土中若有垃圾、树根等杂物，应清理。

④施工顺序：清除杂物→回填→疏水层→夯实。

二、钢筋混凝土模板工艺标准

（一）模板安装工程

（1）对于现浇钢筋混凝土模板的安装，首先确定它的几何尺寸，测量出标高位置，然后进行架料安装，经检查无误后，再铺设模板。

（2）在安装楼梯模板时，先安装楼梯底模，后安装梯侧模，在侧模上分弹好踏步线，待梯板筋绑扎完成后，最后安装踏步模板、检查、加固。

（3）若遇有现浇楼面梁、板，模板的顶撑要坚实，顶撑之间的拉结条要上下纵横拉结两道，否则影响它的整体性。

（4）脱模时先拆除拉条，接着拆除顶撑，最后拆除模板，若遇赶工期的情况，梁底模先不拆，待施工完后再拆除。

（5）施工顺序：放线→装梁模→检查→铺板模→装边模→加固。

（二）钢筋加工、安装工程

（1）钢筋加工时，要按构件净长度加弯钩（锚固要求）长度计算切料；箍筋的制作，断面的边长减去保护层的厚度加上两端斜钩长度为下料的总长度，四角制作成90°直角。

（2）钢筋安装：先在梁上绑扎，然后放入到位（加密箍筋在支座端外5 cm开始计支数，有吊筋的加密箍筋到吊筋末端为止，有转角筋的到转角筋末端为止），再把板筋穿入梁内进行板筋绑扎；柱筋的安装先绑扎基底板筋，后绑扎一定位箍筋，最后绑柱筋。

（3）施工顺序：计算下料单→断料→钢筋制作→梁筋绑扎→板筋绑扎→检查。

（三）混凝土浇筑工程

（1）现浇混凝土按混凝土配合比计量配料拌制，混凝土浇筑前先将板湿润，浇筑顺序为先浇筑梁，接着浇筑板，以后退方式进行，随浇筑随振捣，然后找平抹面。

（2）混凝土浇筑完后，未到终凝部分要加盖防止雨淋。

（3）混凝土呈现鱼肚白时开始浇水养护，保持表面湿润，不要缺水。

（4）施工顺序：计量配料→送料→浇筑→振捣→找平抹面→养护。

三、地面铺装工艺标准

（一）图纸分析

地面铺装是在混凝土垫层完成后进行铺贴（图3-8）。

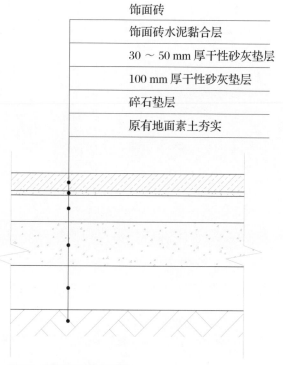

饰面砖

饰面砖水泥黏合层

30 ～ 50 mm 厚干性砂灰垫层

100 mm 厚干性砂灰垫层

碎石垫层

原有地面素土夯实

图 3-8　根据配比标准进行配比

（二）工艺流程

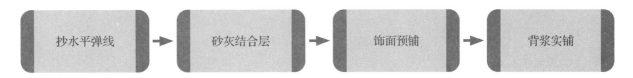

抄水平弹线　→　砂灰结合层　→　饰面预铺　→　背浆实铺

（三）工艺流程步骤详解

1. 抄水平弹线

用墨斗弹中心十字线及范围尺寸线，做灰饼找水平，水平及垂直准确定位，确定流水坡度，1 m 坡度控制在 5/1000 ～ 10/1000，施工前一天清理并洒水湿润基层（图 3-9）。

2. 砂灰结合层

细砂过筛，1：3 干性砂灰做结合层，砂灰填充饱满，拍实，无空鼓，根据板厚确定砂灰厚为 30 ～ 50 mm，水分含量要求抓起成团、手松不散、撒落成粒（图 3-10）。

图 3-9　用墨斗弹线，做灰饼

图 3-10　砂灰做结合层

3. 饰面预铺

根据设计要求及中心十字线准确排板放样，应铺贴美观，板缝控制符合要求（图 3-11、表 3-2、表 3-3）。

图 3-11　根据配比标准进行配比

表 3-2　铺贴饰面质量标准：1 m 内允许偏差值　　　　　　　　　　（单位：mm）

项次	项目	园艺砖面层	大理石、花岗岩	大理石、花岗岩（滚磨边）	碎拼		路缘石	检查方法
					黄木纹碎拼	石材碎拼		
1	表面	±2.0	±1.0	±1.0	±	±2.0	±2.0	用 2 m 靠尺和楔形塞尺检查
2	缝格	±1.0	±1.0	±1.0	—	—	±2.0	拉 5 m 线和用钢尺检查
3	接缝高低	光面 ±0.5 荔枝面 ±1.0	光面 ±0.5	光面 ±0.5 荔枝面 ±1.0	±3.0	±1.0	±2.0	用钢尺和楔形塞尺检查 用钢尺和楔形塞尺检查
4	板块间隙宽度	±2.0	±1.0	±2.0	±2.0	±2.0	±2.0	用钢尺检查

表 3-3　缝隙控制标准及处理方法

名称	灰缝宽／mm	偏差值／mm	灰缝做法
石板（大理石、花岗石）	2	±1	与设计板材颜色接近的石粉扫缝，扫缝均匀
园艺砖（烧结砖、耐火砖等）	2	±2	
广场砖、仿石砖	2	±1	
路缘石宽	2	±1	打靠背，高度为路缘石的 1/3
碎拼板材	18	±2	干性砂灰勾缝，砂过筛
石板滚磨边	5	±2	专用勾缝剂勾缝

注：饰面铺设时，灰缝控制要符合要求。

4. 背浆实铺

根据试铺确定黏合层高度，背浆饱满，用橡皮槌敲击平实，确定控缝尺寸。黏结层应与面层及砂灰层结合牢固，表面整洁，无污染，无错缝，无空鼓，不松动，素水泥浆水灰比为 1 ： 1（图 3-12）。

图 3-12　橡皮槌敲击平实

（四）常用地面材料铺装工艺

1. 黏土砖铺装

（1）施工准备：

1）材料的品种、规格、图案、颜色按设计图验收，并应分类存放。

2）应根据铺装场地的实际尺寸进行图上放样，确定方案中边角的方案调节问题及广场与园路交接处的过渡方案，然后再确定数量及边角料规格、数量。

（2）工艺流程：场地平整→基层准备→铺设陶砖→细砂填缝→边缘处理→密实镇压。

（3）操作工艺：

1）基层处理：将基层处理干净，剔除砂浆落地灰，提前一天用清水冲洗干净，并保持湿润。

2）试拼：正式铺设前，应按图案、颜色、纹理试拼，试拼后按编号排列，堆放整齐。有碎角的边缘按设计图形要求先对砖块边角进行切割加工，保证符合设计要求。

3）弹线分格：为了检查和控制砖块位置，在垫层上弹上十字控制线（适用于矩形铺装）或定出圆心点，并分格弹线。

4）拉线：根据垫层上弹好的十字控制线，用细尼龙线拉好铺装面层十字控制线或根据圆心拉好半径控制线，根据设计标高拉好水平控制线。

5）排砖：根据大样图进行横竖排砖，以保证砖缝均匀，符合设计图纸要求，若设计无要求，缝宽不大于1mm，非整砖应排在次要部位，但注意对称。

6）刷素水泥浆及铺砂浆结合层：将基层清理干净，用喷壶洒水湿润，刷一层素水泥浆（水灰比为0.4～0.5，但面积不要刷得过大，应随铺砂浆随刷）。再铺设厚干硬性水泥砂浆结合层（砂浆比例符合设计要求，干硬程度以手捏成团、落地即散为宜，面层洒素水泥浆），厚度控制在放上砖块时，宜高出面层水平线3～4mm。铺好用大杠压平，再用抹子拍实找平。

7）铺砌砖块：砖块应先用水浸湿，待擦干表面晾干后方可铺设。根据十字控制线，纵横各铺一行，作为大面积铺砌标筋用，依据编号图案及试排时的缝隙，在十字控制线交点开始铺砌，向两侧或后退方向顺序铺砌。

8）养护：铺好砖块两天内禁止行人和堆放物品，擦缝完后面层加以覆盖，养护时间不应少于7天。

注意

铺砌时，先试铺，即搬起砖块对好控制线，铺落在已铺好的干硬性砂浆结合层上，用橡皮槌敲击垫板，振实砂浆至铺设高度后，将砖块掀起检查砂浆表面与砖块之间是否相吻合，若发现有空虚处，应用砂浆填补。安放时，四周同时着落，再用橡皮槌用力敲击至平整。

黏土砖铺地在确定铺设模式时需与黏土砖规格和铺设排板统一考虑，确保铺设时的效果。

（4）质量标准：

保证项目：

1）面层所用砖块的品种、质量必须符合设计要求。

2）面层与基层的结合必须牢固，无空鼓。

基本项目：

1）砖块表面色泽均匀，无裂缝、掉角和缺棱等缺陷。

2）检验方法：观察检查。

（5）应注意的质量问题：

1）"返霜"现象：由于黏土砖强吸水的特性，对于实施不久的项目，砖与结合层均不稳定的情况下，砂浆结合层中水泥基层材料遇到空气及水反应生成碳酸钙（白华），浮出在砖表面的海绵状白色结晶会影响效果（表3-4）。

表 3-4　"返霜"现象易发条件

水分	易受雨水影响
时期	在水泥初干的几个月中较易发生
温度	在冬季（低温）、梅雨（高湿）时易发
风	促进水分蒸发
施工	砂浆多有发生白霜现象，特别是干拌砂浆发生的概率较高

2）预防对策：

①在填充砂浆、地缝砂浆里渗入防白霜药剂。

②尽可能采用老成砖，新砖本身尚未稳定，吸水率也较高，容易返碱。

③清洁表面后，外刷防水封闭剂，隔绝水汽进入路径。其原理同面砖刷防水封闭剂一样。

④为防止水分滞留，设置 2% 左右的坡度。

·（6）拼铺方式：工字纹、人字纹、席纹、一字纹、立铺人字纹、立铺工字纹。

2. 石材地面铺装

（1）施工准备：

1）面层所用石材的品种、质量必须符合设计要求。

2）面层与基层的结合必须牢固，无空鼓。

3）色泽均匀，板块无裂缝、掉角和缺棱等缺陷。

作业条件

1. 花岗石（大理石）地面铺装，要有图案及排块设计，还应对厂家的石材批量进行考察，避免出现同一场地颜色色差过大。大理石质地较软，强度低，在加工和施工中一定要注意。

2. 花岗岩（大理石）板材进场后，应侧立堆放在地面，背面垫松木条，并在板下加垫木方。拆箱后详细核对品种、规格、数量等。有裂纹、缺棱、掉角、翘曲和表面有缺陷的，应予以剔除。

3. 施工操作前对花岗岩（大理石）的施工要画出施工大样图，对特别拼花的地面要进行拼花设计。

（2）工艺流程：清理基层→弹线→安装标准块→铺贴→灌缝→清洁→养护。

（3）操作工艺：

1）清理基层：检查基层平整情况，偏差较大的应事先凿平和修补。基层应清洁，不能有油污、落地灰，特别不要有白灰砂浆灰，不能有渣土。清理干净后在抹底子灰前应洒水润湿。

2）碎拼地面应在基层上抹 30 mm 厚 1：3 水泥砂浆找平层，用木抹子搓平。

3）对花（色）编号：花岗岩地面铺设前，应对板块进行试拼，先对色，拼花编号，以便对号入座，使铺设出来的地面色泽一致且美观。

4）定标高、弹线：在地上弹出十字中心线，按板块的尺寸加预留放样分块。

5）安放标准块、挂线：在十字线交点处对角，安放两块标准块，并用水平尺和角尺校正。铺板时依标准块和分块位置，每行依次挂线，此挂线起到面层标筋的作用。

6）铺贴：大理石、花岗岩等石材铺贴前先浸水润湿，阴干后擦干净板背的浮尘方可使用。大理石、花岗岩板块是以 30 mm 厚 1：3 干硬性水泥砂浆来做找平层和结合层。铺贴前应试摆一下，确认板块间隙、标高等都符合要求后，端起板块，在干硬砂浆找平层上洒素水泥浆，随即洒适量清水，随后安放时四角同时往下落，并用橡皮捶或木捶敲实，击平整。

7）灌缝：板块铺贴后，次日用素水泥浆灌 2/3 高度，再用与板面同色水泥浆擦缝，最后用湿布擦拭。

8）养护：在拭净的石材地面上覆盖木板保护，24 小时后洒水养护，养护前期 2～3 天内禁止上人。

（4）质量标准：

1）花岗岩板材规格设计建议：宽度不大于 600 mm，长度不大于 1800 mm。

2）人行道铺贴花岗岩用 20 mm 厚即可。

3）车行道铺贴花岗岩，其厚度须达 40 mm 以上，尺寸不宜过大。

4）荔枝面、斩斧面的花岗岩设计厚度必须为 30 mm 以上。

5）冰裂纹拼铺禁止出现平行纹、直角纹及内角，避免出现 4 条以上边缝汇集于一个交点。

6）弹石厚度控制在 60 mm 即可。

7）花岗岩铺装必须牢固，严禁空鼓，无歪斜、缺棱掉角和裂缝等缺陷。

8）表面必须平整，颜色协调一致。

9）接缝密实、平直、宽窄一致，线条要流畅。

应注意的质量问题

1. 板块空鼓（防治措施）：

①基层应彻底清除灰渣和杂物，用水冲洗干净、晾干。

②必须用半干硬砂浆做黏结层，砂浆应拌匀、拌熟（抓在手中潮湿，松开后不黏结成块）。

③铺黏结层砂浆前，先润湿基层，素水泥浆刷匀，随即铺黏结层砂浆，并拍实。

④板块铺贴前，板块应湿润、晾干，板背应清洁，铺贴时用水灰比为 0.45：1 的素水泥浆作为黏结剂，若干洒水泥素灰，要撒匀，并洒适量的水，定位后，将板块均匀轻击压实，不得用干水泥面铺贴。

2. 板接缝高低差偏大（防治措施）：

①用"品"字法挑选合格产品，剔除不合格品；对厚薄不匀的地板，采用厚度调整办法，在板背抹砂浆调整板厚。

②试铺时，浇浆应稍厚一些，板块正式定位后，用水平尺骑缝搁置在相邻板块上，边轻击压实，边观察接缝，直至板块平整为止。

（5）拼铺方式和材料面层：

1）拼铺方式：规则铺装、乱拼铺贴、冰梅、组合板拼铺、弹石、仿古石。

2）材料面层：烧毛面、荔枝面、剁斧面、弹石、仿古石、磨光面、水冲面（一般用在水池贴面或者压顶，不建议大面积用在室外铺装地面上）。

3. 板岩地面铺装

（1）施工准备：

1）面层所用板岩的品种、质量必须符合设计要求。

2）面层与基层的结合必须牢固，无空鼓。

3）色泽均匀，板块无裂缝、掉角等缺陷。

作业条件

1. 板岩地面铺装，应对厂家的材料批量进行考察，避免出现同一场地颜色色差过大。

2. 板岩进场后，背面垫松木条，并在板下加垫木方。拆箱后详细核对品种、规格、数量等。有裂纹、缺棱、掉角、翘曲和表面有缺陷的，应予以剔除。

3. 施工操作前对于板岩的施工区域要画出施工大样图。

（2）工艺流程：清理基层→弹线→试拼→铺结合层→铺面层→擦缝→养护。

（3）操作工艺：

1）清理基层：

①基层施工时，必须按规范要求预留伸缩缝。

②抄平，以地面 ±0.00 的抄平点为依据，在周边弹一套水平基准线。水泥砂浆结合层厚度控制在 10 ~ 15 mm 之间。

③清扫基层表面的浮灰、油渍、松散混凝土和砂浆，用水清洗湿润。

2）弹线：根据板块分块情况，挂线找中，在装修区取中点，拉十字线，根据水平基准线，再标出面层标高线和水泥砂浆结合层线，同时还需弹出流水坡度线。

3）试拼：

①找规矩线，对每个铺装区的板块，按图案、颜色、纹理试拼达到设计要求后，按两个方向编号排列，按编号放整齐。同一铺装区的花色、颜色要一致。缝隙若无设计规定，不应大于 1 mm。

②根据设计要求把板块排好，检查板块间缝隙，核对板块与其他管线、洞口、构筑物等的相对位置，确定找平层砂浆的厚度，根据试排结果，在铺装区主要部位弹上互相垂直的控制线，引到下一铺装区。

4）铺装结合层：采用 1 : 3 的干硬性水泥砂浆，洒水湿润基层，然后用水灰比为 0.5 : 1 的素水泥浆刷一遍，随刷随铺干硬性水泥砂浆结合层。根据周边水平基准线铺砂浆，从里往外铺，虚铺砂浆比标高线高出 3 ~ 5 mm，用刮尺赶平、拍实，再用木抹子搓平找平，铺完一段结合层随即安装一段面板，以防砂浆结硬。铺装长度应大于 1 m，宽度超出板块宽 20 ~ 30 mm。

5）铺面层：铺装时，板块应预先浸湿晾干，拉通线，将石板与线平稳铺下，用橡皮槌垫木轻击，使砂浆振实，缝隙、平整度满足要求后，揭开板块，再浇上一层水灰比为 0.5：1 的素水泥浆正式铺贴。轻轻槌击，找直找平。铺好一条，及时拉线检查各项实测数据。注意槌击时不能砸边角，不能砸在已铺好的板块上。

6）擦缝：板块铺完养护 2 天后在缝隙内灌水泥浆、擦缝。水泥色浆按颜色要求，在白水泥中加入矿物颜料调制。灌缝 1～2 小时后，用棉纱醮色浆擦缝。缝内的水泥浆凝结后，再将面层清洗干净。

7）养护：铺装完后早期严禁上人走动，表面覆盖锯末、席子、编织袋等予以保护。

（4）质量标准：

1）鉴于板材本身特性，建议此材料用于人行铺装地及广场，不宜大面积在车行道路上使用。

2）板岩密缝拼贴，要求板间隙宽为 1～2mm。

3）混凝土基础要求每 6000mm×6000mm 设分仓缝，板岩与分仓缝尽可能对齐。

4）板岩乱拼时禁止机器切割，应使用自然毛边；拼铺禁止出现平行纹、直角纹及内角，避免出现 4 条以上边缝汇集于一个交点。

5）板岩乱拼时，板间隙宽控制在 15～20mm 之间，同色勾缝，勾缝面低于板面 1～1.5mm，板材短边不小于 200mm。

（5）拼铺方式和材料种类：

注意	1. 防止板块空鼓。
	2. 防止板接缝高低差偏大。
	3. 防止石材地面铺装工料消耗。

1）拼铺方式：灰板规则拼铺、锈板规则拼铺、黑板与灰板拼铺、黄木纹乱拼。

2）材料种类：黄木纹、锈板、黑板、灰板、绿板。

4. 水洗石地面铺装

（1）施工准备：

1）材料准备：

①水泥：32.5 级及其以上矿渣水泥或普通硅酸盐水泥，颜色要一致，应采用同批产品。

②砂：中砂。使用前应过 5mm 孔径的筛子。

③石渣：颗粒坚实，不得含有黏土及其他有机物等有害物质。石渣规格应符合规范要求，级配应符合设计要求，中八厘为 6mm，小八厘为 4mm。使用前应用水洗净，按规格、颜色的不同分堆晾干、堆放，用苫布盖好待用。要求同品种石渣颜色一致，宜一次到货。

④小豆石：粒径以 5～8mm 为宜，含泥量不大于 1%，用前过两遍筛，用水冲净备用。

⑤石灰膏：使用前一个月将生石灰过 3mm 筛子淋成石灰膏，用时灰膏内不应含有未熟化的颗粒及其他杂质。

⑥生石灰粉：使用前 1 周用水将其焖透使其充分熟化，使用时不得含有未熟化的颗粒。

⑦其他材料：胶水、界面处理剂、粉煤灰等。

⑧颜料：应使用耐碱性和耐光性好的矿物质颜料。

（2）工艺流程：制模，素土夯实后铺设碎石垫层→浇筑混凝土垫层→铺抹基层水泥砂浆（细石混凝土）找平层→铺设水洗石人工找平→晾晒五成干后压平→七成干后水冲表面砂浆→海绵吸取表面浮浆→养护。

（3）操作工艺：

1）做找平层：

①打灰饼、做冲筋：做法同楼地面水泥砂浆抹面。

②刷素水泥浆结合层：做法同楼地面水泥砂浆抹面。

③铺抹水泥砂浆找平层：找平层用1：3干硬性水泥砂浆，先将砂浆摊平，再用压尺按冲筋刮平，随即用木抹子磨平压实，要求表面平整密实、保持粗糙，找平层抹好后，第二天应浇水养护至少1天。

2）水洗石面层：水泥石子必须严格按照配合比计量。彩色水洗石应先按配合比将白水泥和颜料反复干拌均匀，拌完后密筛多次，使颜料均匀混合在白水泥中，并调足供补浆之用的备用量，最后按配合比与石米搅拌均匀，并加水搅拌。

铺水洗石面层前一天，洒水湿润基层。将分格条内的积水和浮砂清除干净，并涂刷素水泥浆一遍，水泥品种与石子浆的水泥品种一致，随即将水泥石子浆先铺在分格条旁边，将分格条边约10 cm内的水泥石子浆（配合比一般为1：1.25或1：1.50）轻轻抹平压实，以保护分格条，然后再整格铺抹，用木磨板子或铁抹子抹平压实，但不应用压尺平刮。面层应比分格条高5 mm左右，若局部石子浆过厚，应用铁抹子挖去，再将周围的石子浆刮平压实，对局部水泥浆较厚处，应适当补撒一些石子，并压平压实，要达到表面平整、石子分布均匀。

检查石粒均匀（若过于稀疏，应及时补上石子）后，再用铁抹子抹平压实，至泛浆为止。要求将波纹压平，分格条顶面上的石子应清除掉。

在同一平面上若有几种颜色图案，应先做深色，后做浅色。待前一种色浆凝固后，再抹后一种色浆。两种颜色的色浆不应同时铺抹，避免串色。但间隔时间不宜过长，一般可隔日铺抹。

滚筒压平：铺好后拍平，表面滚筒压实，待出浆后再用抹子抹平面。

（4）质量标准：

1）保证项目：所用材料的品种、质量必须符合设计要求。各抹灰层之间及抹灰层与基体之间必须黏结牢固，无脱层、空鼓和裂缝等缺陷。

2）基本项目：

①表面：石粒清晰，分布均匀，紧密平整，色泽一致，无掉粒和接槎痕迹。

②分格条（缝）：宽度和深度均匀一致，条（缝）平整、光滑，棱角整齐，横平竖直、通顺。

③滴水线（槽）：流水坡向正确，滴水线顺直，滴水槽宽度、深度均不小于10 mm，整齐一致。

（5）应注意的质量问题。

1）若表面有未冲洗干净的砂浆，可用5：1稀释过的草酸进一步清洗。

2）建议车行道路上尽量避免大面积使用。

3）水洗石路面对基层要求尤其高，素土夯实、混凝土垫层要求质量严格把关，做水泥砂浆（细石混凝土）找平层之前应检查基层是否有开裂、断裂现象并及时处理。

4）若基层未做加筋处理，则水泥砂浆（细石混凝土）找平层需增加钢丝网片，以减少温变引起的水洗石路面开裂。

5. 卵石地面铺装工艺

（1）施工准备：

1）材料准备：

①卵石是指粒径 30 ~ 60 mm、形状圆滑的河川冲刷石。

②水泥、黄砂等。

③曲径通幽的园路施工立模时，要注意园路的弧形 S 弯的自然流畅。

> **作业条件**
> 　　1. 施工操作前对施工区域画出施工大样图。
> 　　2. 按设计要求实施，挑选大小规格统一的雨花石。

（2）工艺流程：素水泥浆结合层→找平层→水泥抹浆→用铁抹子搓平→卵石铺嵌→木抹子压实、压平→撒上干水泥→喷水洗刷→盖保护膜→浇水保养。

（3）操作工艺：

1）将半干硬水泥砂浆填入，再把卵石一一摆放安置好，应选择光滑圆润的一面朝上，在作为庭院或园路使用时一般横向埋入砂浆中，在作为健身路径使用时一般竖向埋入砂浆中。

2）埋入量约为卵石的 2/3，这样比较牢固。

埋入砂浆的部分多些，以使路面整齐、高度一致。切忌将卵石最薄一面平放在砂浆中，极易脱落。

3）摆完卵石后，再在卵石之间填入稀砂浆，填充实后就算完成了。卵石排列间隙的线条要呈不规则的形状，千万不要铺成十字形或直线形。此外，卵石的疏密也应保持均衡，不可部分拥挤、部分疏松。如果要做成花纹，则要先进行排板放样再进行铺设。

4）鹅卵石地面铺设完毕，应马上用湿抹布轻轻擦拭其表面的水泥浆层，使鹅卵石保持干净，并注意施工现场的成品保护。

（4）质量标准：

1）保证项目：

①所用材料的品种、质量必须符合设计要求。

②各抹灰层之间及抹灰层与基体之间必须黏结牢固，无脱层、空鼓和裂缝等缺陷。

2）基本项目：

①表面石粒清晰，分布均匀，紧密平整，色泽一致，无掉粒和接槎痕迹。

②宽度和深度均匀一致，条（缝）平整、光滑，棱角整齐，横平竖直、通顺。

（5）拼铺方式和材料种类、规格：

1）拼铺方式：标准平铺、标准立铺、图案平铺、图案立铺。

2）材料种类、规格：PE.01 白色 ϕ30 ~ 50mm、ϕ60 ~ 90mm；PE.02 黑色 ϕ30 ~ 50mm、ϕ60 ~ 90mm；PE.03 红色 ϕ30 ~ 50mm、ϕ60 ~ 90mm；PE.05 灰色 ϕ30 ~ 50mm、ϕ60 ~ 90mm。

1. 卵石平铺，缝隙宽控制在 5～8 mm，不能有通缝现象。卵石埋入 2/3，由中间向四周按设计镶嵌，抹子压实、压平，卵石嵌入密实，缝隙均匀，观感度佳。卵石粒径 20 mm 的扁形石子不得平铺。

2. 卵石立铺，缝隙控制在 5 mm 以内。卵石嵌入不小于 1/2，最佳嵌入深度为 2/3，由中间向四周按设计镶嵌，抹子压实、压平，卵石嵌入密实，缝隙均匀，观感度佳。

3. 设计建议：人行道上选用平铺方式，健康步道选用立铺方式，车行道上禁止使用。

4. 填缝、封缝：卵石嵌好后，均匀撒水泥粉，用喷壶洒水封缝，稍干后用刷子带水刷出，并用海绵清理。

5. 成品养护：水泥砂浆表面凝固后（一般夏季凝固时间为 3～5 小时，春秋季为 8～12 小时，冬季为 12～24 小时）应注意洒水养护，养护期 3 天之内禁止踩踏，养护后应进行整体卫生清理，与相邻铺贴石材衔接应平顺自然，冬季气温低于 0 ℃时禁止铺贴。

四、石灰石铺装工艺

（1）素土夯实，保证地面土层结实平整。

（2）测量尺寸及确定场地标高进行放线，在该石材铺贴区域拉牵完成的水平线（确保场地整体高度一致）及边界线，便于石材铺贴时尺度的把控。

（3）铺设一定厚度的碎石垫层（此为南方地区常规做法，北方地区则为灰土垫层）做稳定基层并平整。根据车行或人行需求确定其厚度：车行，200～250 mm 厚；人行，100 mm 厚（图 3-13）。

（4）在硬质稳定层上铺设 15 mm 厚石灰石专用排水卷材，相邻两片卷材交汇处应相互紧密拼接，确保排水顺畅。

（5）按比例调配粗骨料（粒径 5～8 mm，比例为 1：2；粗砂代替，1：4）即透水混凝土，分两层铺设，每层厚度 40 mm。第一层粗骨料平整完，需铺设一层直径 2.5 mm 的井字形铁丝网进行加固，再铺设第二层粗骨料并平整。

（6）将石材底部均匀抹上一层 15 mm 厚水泥膏黏结固定于平整后的粗骨料垫层上，用橡皮槌均匀捶打至完成面高度，利用水平尺调整石材水平度。同时，根据不同石材的留缝要求，利用指定规格十字缝隙扣首尾间隔保持统一缝宽，并通过测定线修齐留缝。

（7）待水泥膏硬化石材铺装黏结牢固后需进行一次表面清洁，再进行勾缝。调配石灰石专用石材勾缝剂，利用专业勾缝工具进行压缝填实，来回两遍，略低于石材表面高度。缝深一般为 1～2 mm，立体效果较好。

（8）勾缝上要求小面积局部勾缝，一般面积控制在 1 m² 范围内，应及时利用大把海绵刷擦净石材表面的残留勾缝剂，并将整个单元内石材顺带擦洗 1 ~ 2 遍，在擦洗过程中利用勾缝剂填补石材表面微小孔洞，使整体效果更加柔和，同时避免勾缝痕迹残留影响铺装感官效果。

（9）擦洗所用水体应尽量保持清洁，建议多更换，避免带来二次污染。必备的施工工具及配件：土铲、刮平刀、水平尺、橡皮槌、水平测定线、十字缝隙扣、切割机、锉刀、勾缝刀、水桶、海绵刷等。

图 3-13　石灰石铺装施工

五、园艺砖工艺标准

（一）工艺流程步骤详解

1. 基础砌筑

砌筑前将砖润水，工字形砌筑，砌筑用 1 : 2 的稍湿点儿的干硬灰，细砂过筛，手抓成团，落地不散，纵横缝隙宽度统一为 9 mm（弧形砌筑按弧度控缝，在不破坏砖的情况下控制到最小），缝宽偏差值为 ±1mm，砖立面平整垂直度偏差值为 ±1mm。

2. 清缝

砌筑完成，黏结层未完全凝固前清理灰缝，由外立面内凹 8 ~ 10 mm，砌筑完成 24 小时后清理浮灰及缝表层不实砂浆，用干硬灰密实缝，确保无浮尘、无松动砂浆残留。

3. 勾缝及清缝

用白水泥找缝，再用填缝剂填充饱满，用嵌尺拉出圆滑造型，填缝搅拌成橡皮泥一样，不湿不干，确保勾缝完成面比砖外立面凹进6 mm，勾缝流畅饱满，无断纹，无多余残留，饰面干净整洁，勾缝完成面偏差值为 ±1 mm，扫缝时先水平后垂直，用海绵扫缝，以防再污染（图 3-14）。

图 3-14　勾缝流畅饱满

（二）地面铺装施工注意事项

（1）地面基层：先放线确定铺装区域并测出标高，进行平整基层素土的夯实处理。若基层素土软弱需要采取砂石换填、碎砖充填，按标高深度取出软土后再进行换填或充填。施工顺序为放线定位→测标高→平场夯实→取土→换填、充填。

（2）混凝土垫层：先放线确定铺装区域并测出标高，进行平整基层素土的夯实处理，打桩拉线检查其平整，测定混凝土厚度，洒水基层后再逐一进行混凝土浇筑，然后用铝合金直尺刮平、砂板压实抹平，气温高的情况下还需洒水养护；施工顺序为拉标高线→检查厚度→混凝土浇捣→压实抹平→养护。

（3）混凝土整体面层浇筑：先在基层或模板上测定出面层标高并做出标记，控制面层的厚度和排水坡度，然后刷素水泥浆或801黏合剂，再逐一以后退式方法进行混凝土浇捣，用铝合金直尺刮平，压光收面。混凝土面呈现鱼肚白时开始洒水养护，根据气候高低，保持混凝土面湿润为宜。施工顺序为测量标高→打靶定点→计量配料拌制→涂刷结合层→送料浇捣→抹平收面→检查→养护。

（4）地面块料铺装：放线确定分区界面线，块料的选择着重色差和图案的搭配，符合模数的镶嵌。铺装前基层上刷素水泥浆、铺摊底料、块料试铺以胶槌敲击块料面，达到纵横控制线的要求后，翻面抹底浆进行铺装，随铺装随时用2 m直尺或靠尺检查平整度。需表面加工或开槽的部位，待水泥终凝后再进行加工开缝，表面加工或开缝完成后，接着进行清洁，处理好缝，进行成品保护（气温高时一定要洒水养护）。施工顺序为放线→选料→基层刷浆→拉控制线→铺底料→试铺→刮浆铺装→检查→清洁、养护（图 3-15）→成品保护（图 3-16）。

图 3-15　养护期之内禁止踩踏

图 3-16　铺装后成品保护

六、砌体工程施工工艺标准

（一）砖砌体

1. 工艺流程图

挖土夯实 → 模板石子混凝土垫层 → 弹边线 → 放大脚 → 选择砌筑方式

2. 工艺流程步骤详解

（1）挖土夯实：根据设计要求定位后，计算出石子混凝土垫层、放大脚及绿化衔接部位的下挖深度和宽度的数值，测出标高，挖出多余的土，然后夯实，防止砌筑体沉降，增强稳定性。

（2）模板石子混凝土垫层：挖土夯实后，要先支模板，垫 50 mm 石子，然后打 100 mm 厚的混凝土垫层，增强砌筑体基层的稳定性，使砌筑体不沉降、不断裂（图 3-17）。

图 3-17　模板石子混凝土垫层

（3）弹边线：打好混凝土垫层后，要弹出砌筑体放大脚的外边线，沿外边线砌筑（图3-18）。

图3-18　砌筑时沿外边线砌筑

（4）放大脚：砌两层砖放大脚，是为了增强砌筑体的稳定性和整体的牢固性。

（5）选择砌筑方式：砌墙一般有"12墙""18墙""24墙""37墙"和"50墙"几种方式。缝要控制在10 mm宽，误差±2 mm，咬槎错缝。三层一靠尺，五层一吊线，控制平整度偏差值为±5 mm，垂直度偏差值为±3 mm（图3-19）。

图3-19　减小砌筑误差

3. 砖砌体注意事项

（1）砖砌筑应提前一天湿润砖块，使砖块表面浸湿1～1.5 mm为宜。

（2）砌筑用水泥砂浆拌合均匀，24墙第一块砖必须砌丁砖，然后可两顺一丁或三顺一挤浆砌筑。

（3）随砌砖随拉线或吊线，检查其水平、垂直度。

（4）施工顺序：湿润砖块→放线→砌砖→检查。

（二）石砌体

（1）石砌筑前检查坑、槽的宽度和基底的平整度是否符合设计要求。

（2）先铺水泥浆然后将条石的大面向下、后退式地进行石砌，缝隙先铺浆，用铁撬把条石挤拔。

（3）需表面处理的，在安砌材料前进行修边、找平天底座，然后进行安砌，整体安砌完后再进行表面加工、勾缝清洁。

（4）安砌条石时注意泄水口（留通缝）、安泄水管。

（5）施工顺序：检查坑、槽→清天底座→铺浆→砌石→表面加工→勾缝→清洁。

七、外墙抹灰施工工艺标准

（一）工艺流程图

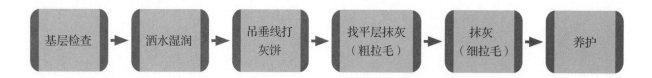

基层检查 → 洒水湿润 → 吊垂线打灰饼 → 找平层抹灰（粗拉毛）→ 抹灰（细拉毛）→ 养护

（二）工艺流程步骤详解

（1）基层检查：用刮刀清理砖墙黏结砂浆凸出部分，确保突出物清理干净、基层平整（图3-20）。

图3-20　清理砖墙黏结砂浆凸出部分

（2）洒水湿润：洒水湿润，满足灰层凝固需要的水分，防止抹灰后灰层干裂，基层表面湿润适中，不能流溢。

（3）吊垂线打灰饼：用线垂吊线，找墙体垂直，垂直度误差要降到最小，打灰饼，控制灰层厚度为 10 ~ 15 mm，立面垂直度误差为 ±3 mm。

（4）找平层抹灰（粗拉毛）：用抹子从下往上抹灰，然后用 2 m 铝合金杆刮平，用木拉板粗拉毛，找尺寸、找平整度、找垂直度、使基层尺寸满足要求，降低误差。灰砂比例为 1：3。完成面平整且拉毛均匀，垂直度误差小，接槎处缝隙垂直。若墙面为铺装面，抹灰到此结束，若是喷涂饰面则需要进行下一步。

（5）抹灰（细拉毛）：1：2 的灰用泥板压光，用毛刷沾水刷，做细拉毛，以增加基面附着力和抗渗性。表面平整度偏差值为 ±2 mm，立面垂直度偏差值为 ±2 mm，阴阳角垂直 ±2 mm。

（6）养护：在室外气温高时需洒水养护，补充灰层凝固需要水分，防止干裂及其他污染。

（7）抹柱面或装饰线：用木块或铝合金尺夹着两边，控制好垂直度和平行度，达到四边柱面宽窄一样、线条粗细匀称、表面平整。

（8）施工顺序：基层清理→放线→打耙、充筋→抹灰→刮平→补灰搓面、压光（图3-21）。

图 3-21　外墙基层表面要湿润适中

八、饰面喷涂类工艺标准

（一）工艺流程图

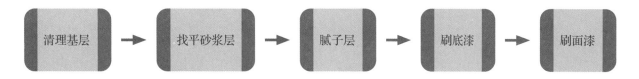

清理基层 → 找平砂浆层 → 腻子层 → 刷底漆 → 刷面漆

（二）工艺流程步骤详解

1. 清理基层

在墙面做完聚合物找平砂浆层，对墙面的浮尘进行清理，确保墙面干净。若有和其他石材等饰面搭接的情况，应在清理完成后对其他饰面进行保护，贴美纹纸防止污染。

2. 找平砂浆层

在基层清理完成后，用找平砂浆对墙面进行找平（图3-22），能够大大地增加墙面的稳定性、防裂纹、增强抗碱性。

图 3-22　找平墙面

3. 腻子层

第一遍腻子完成后，待墙面干燥打磨一遍，打磨完成后再刮第二遍腻子，待墙面干燥后再进行第二遍打磨及刮第三遍腻子（图3-23）。腻子层应平整，阴阳角垂直。腻子层整体无阴暗面，砂纸打磨不粘粉、不爆粉，平整度、里面垂直度偏差为 ±1mm，阴阳角偏差值为 ±2mm（图3-24）。

4. 刷底漆

第二遍腻子打磨完成后，腻子层含水量10%以下刷底漆，增强面漆与腻子的连接性，巩固面漆牢固性（降低空鼓裂纹）。要求无漏刷、无滴淌流坠现象，平整光洁（图3-25、图3-26）。

图 3-23　重复打磨和刮腻子

图 3-25　腻子层含水量 10% 以下刷底漆

图 3-24　腻子层整体无阴暗面

图 3-26　保证平整光洁

5. 刷面漆

（1）真石漆：底漆干燥后喷一遍真石漆，做到均匀干净，无空鼓、裂缝，颜色无色差（图3-27）。

图 3-27　喷真石漆

（2）涂料乳胶漆类：两遍面漆，第一遍面漆提高黏合力和遮盖力，增加丰满度，并相应减少面漆用量。第二遍是装饰作用，抗拒环境侵害。平整度偏差值为 ±2 mm，立面垂直度偏差值为 ±1 mm（图3-28）。

图 3-28　刷两遍面漆

九、墙面铺装工艺标准

（一）图纸分析

墙面饰面铺贴需要原有墙面粗拉毛即可，根据铺贴面及大小可采用背浆和灌浆两种方式进行铺贴（图3-29）。

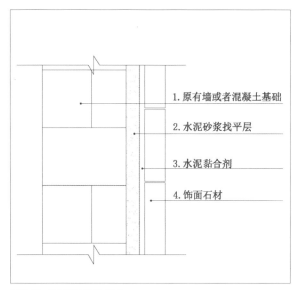

1. 原有墙或者混凝土基础

2. 水泥砂浆找平层

3. 水泥黏合剂

4. 饰面石材

图 3-29　墙面饰面铺贴步骤

（二）工艺流程图

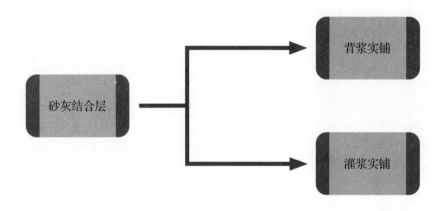

（三）工艺流程步骤详解

1. 弹线定位

根据设计要求用墨斗弹出周围边界线，用红外线垂直水准仪确定垂直中线及横向控制线，水平及垂直准确定位，墙面板材应提前在电脑排版，以达到整体铺贴美观。根据水平、垂直线确定石材整体位置及控缝，横平竖直，施工前一天提前洒水湿润基层，若墙面过大，可弹多条水平、垂直线。禁止用长、宽度为600 mm以上的板材（荔枝面）。

2. 背浆实铺

将素水泥膏均匀涂抹到板材背面，背浆饱满，用橡皮槌轻敲平实，水泥黏合层与面层及找平层结合牢固，无空鼓，不松动，使用素水泥膏镶贴，水泥强度等级为42.5级或者32.5级掺黏合剂，铺贴方法适用于文化砖、劈开砖、文化石等。

3. 灌浆实铺

石材两侧打灰饼固定，第一层打灰饼固定，初凝后，开始第一层灌浆，凝固后，逐层打灰饼，逐层灌浆。第一层灌浆很重要，确定凝固后再进行下一层灌浆，严禁碰撞和猛灌。石材高度小于300 mm的一次灌浆，超过300且小于500 mm的应分两次灌浆完成，超过500 mm的建议干挂。质量及验收也有一定的标准，可以借鉴参考（表3-5）。

表 3-5　质量及验收标准：1 m 内偏差值　　　　　　　　　（单位：mm）

项次	检查项目	平面石材	蘑菇石	文化石	检查方法	备注（压顶探出尺寸）
1	立面垂直度	±2	±2	±2	用 2 m 垂直检测尺检查	30 厚压顶探出 20 mm
2	表面平整度	±2	—	—	用垂直检测尺和塞尺检查	50 厚压顶探出 30 mm
3	阴阳角方正	±2	±2	±2	用直角检测尺检查	80 厚压顶探出 50 mm
4	接缝直线度	±1	±1	±1	拉 5 m 线和用钢尺检查	100 厚压顶探出 50 mm
5	接缝高低差	±0.5	—	平面 ±0.5	用钢尺和塞尺检查	—
6	接缝宽度	±1	±1	±1	用钢直尺检查	—

4. 完成后清理及养护

铺贴完成后，墙面污染应及时清理干净，在 3 天内应微量洒水养护，冬季气温低于 0℃时禁止铺贴。

5. 立面施工注意事项

（1）立面铺装：首先放线确定标高或分区界面线，按分部标高由下而上铺贴。表面需做处理的线或图案，先试拼装放样处理好后再铺装，随铺贴随时以控制线和水平尺检测，若发现有误，应及时处理，饰面擦洁净（图 3-30）。

施工顺序：放线→标高定位→配料→铺装→检查→清洁。

（2）花岗石立面阳角（无设计要求的）均采用海棠角方法处理，外角边留 5 mm，要求外边不爆边。按 45°角切割内边，不一次切到位，留 1～2 mm 采用水磨方法处理，达到无毛边、缝密实。

（3）立面饰面（设计未说明的）均采用留缝的方法处理，可采用瓷砖卡定位，后勾缝处理，不同材料衔接时留 1～2 倍于铺装缝宽。

图 3-30　以控制线和水平尺检测铺贴

（四）常用饰面材料工艺

1. 石材饰面

（1）石材湿贴与灌浆施工：

作业条件	1. 结构经检查验收，给排水、照明管线和设备安装等已施工完毕，并接好加工饰面板所需的电源和水源。 2. 室外弹好作业标高参考线。 3. 提前搭设操作架，视情况决定是用活动脚手架还是固定脚手架。架子高度应满足施工操作要求，架子搭设应牢固、安全。 4. 预先准备好同石材接近或指定颜色的密封胶，用于密封处理。 5. 石材进场应堆放于开阔、便捷处，下垫好方木，核对数量、规格。若有拼花或复杂图案，铺贴前应预铺、编号，以备正式铺贴时按号取用。 6. 大面积施工前应先放出施工大样，并做好样板，经业主、设计认可后，方可按样板组织大面积施工。 7. 进场的石材应派专人进行验收，颜色不均匀时，应进行挑选，将轻微色差板材整理到一起用在边角或不重要部位贴面，将严重色差石材予以退场。 8. 石材挑选好后，视部位的重要性，确定石材是否需要做六面防护，若需要应采用石材防护剂对石材进行六面防护处理，做防护前，应将石材表面的灰尘、杂质清理干净，且石材表面应干燥才能做防护，待晾干后再进行铺贴。 9. 辅材准备。水泥采用 32.5 级及以上的普通硅酸盐水泥或矿渣硅酸盐水泥。

1）施工工艺：

①长边长度小于 400 mm、厚度在 30 mm 以下的小规格石材，采用粘贴方法镶贴。

湿贴流程：石材验收标准→结构层校验→基层处理→打底→放精样→试拼→涂黏结剂→铺贴→擦缝→清理墙面→保护。

a. 石材验收标准：

色差：要求石材表面不得有色差、色斑、色线等出现，室外工程会受雨水影响，在验收时应将石材洒水看表面是否有色差现象。

厚薄：石材厚度误差应在相关规范内，一般在 ±2 mm 内。

表面平整度：规格在 400 mm×400 mm 以上尺寸时，容易出现石材表面不平，单块表面平整度误差超过 2～3 mm 的石材应禁用，以防止大面积铺贴导致影响效果，特别是墙面工程。

平面尺寸：石材平面尺寸误差应在 1 mm 内，对角线尺寸误差应在 3 mm 内。

面饰处理：应达到设计要求面饰效果，应注意光面石材的抛光度应在 90% 以上；荔枝面石材表面颗粒大小、深度均匀；自然面石材表面凹凸自然，但深度不宜太大。

残缺、裂纹：验收时应严格筛选，石材不得有裂纹、残缺、爆边等现象出现，特别是干挂石材（石材表面浇上水以后容易看出是否有裂纹）。

注意

1. 不同规格的石材打包在一起时，要求全部标注出规格尺寸，便于施工过程中的挑选。

2. 石材打包要求结实，底部全部用木框架绑扎，石材与石材之间应用软质材料阻隔，防止运输过程中造成石材爆边。

b. 结构层校验：用经纬仪或大线吊垂直，根据石材规格分层设点，按间距 2000 mm ×2000 mm 做灰饼，注意同一墙面不得有一排以上的非整块，并将其排放在较隐蔽的部位。阳角处要双面排直。主要检查墙面是否垂直，垂直墙面是否成 90° 角，墙体尺寸、厚度是否同图纸相符等，并查看是否有空鼓开裂现象。

c. 基层处理：

结构基础较好，墙体平整度在 3 cm 以内的：将混凝土墙面或粉刷墙面的污垢、灰尘清理干净，随之用清水冲净。等混凝土墙面干燥，将掺入水重 20% 建筑胶的 1：1 水泥细砂砂浆用笤帚甩到墙上，终凝后洒水养护，使水泥砂浆有较高的强度，与混凝土墙面黏结牢固。

结构基础较差，墙体平整度在 3 cm 以上的：前部分步骤同上，待砂浆黏结牢固后，用 1：2.5 水泥砂浆将墙面凹进部分进行粉刷，记住应分层粉刷，每次厚度不超过 15 mm，且第一次粉刷后，应在面层贴上钢丝网或网布，而后再进行下次粉刷，以此类推，直至结构面粉刷平整。在最后一次粉刷层未干时，用扫帚在表面轻扫，拉出细纹，利于贴面时的水泥砂浆黏结。

d. 打底：洒水湿润基层，然后涂掺水重 10% 建筑胶的素水泥浆一道，均匀涂在基层上。

e. 放精样：用黑色墨线在墙面上横向每两层石材弹出一条标高线，竖向每 2～3 m 弹出一条参照线，弧形墙面根据需要增加参照线数量。弹线时应考虑好墙面同周边的地面、墙面的相互关系。

f. 试拼：饰面板材应颜色一致，无明显色差，经精心预排试拼，并对进场石材颜色的深浅分别进行编号，使相邻板材颜色相近，无明显色差，纹路相对应形成图案，达到令人满意的效果。墙面装饰若无线条、拼花等简洁式铺贴，可根据情况减免此步骤。

g. 黏结剂：一般要求墙面湿贴应采用专业的建筑胶泥，如果是马赛克，应当用专用的马赛克胶泥，若需要，可掺入 10% 左右的白水泥一起施工。在冬季施工时，可掺入防冻剂、快凝粉搅拌均匀后施工。目前市场上胶泥品牌众多、质量参差不齐，大面积施工时应预先做好实验，测试胶泥质量和凝固时间等。

h. 铺贴：铺贴前，应先用清水将墙面洒湿，然后根据图案要求决定是从两侧向中间还是从中间向两侧铺贴。按照试拼编号，依次铺砌。铺前将板块预先浸湿阴干后备用，铺贴时翻开石板，将石材侧边的杂物清除干净以免扩大石材拼缝，用准备好的黏结剂均匀地披在石材背面，然后正式镶铺。安放时四角同时贴紧墙面，用橡皮槌或木槌轻击木垫板（不得用木槌直接敲击石材板），根据参考线用水平尺找平，铺完第一块按事先顺序镶铺，若发现空隙，应将石板掀起用胶泥补实再行安装。石材板块之间，接缝要严，不留缝隙。在铺贴过程中，每贴一层石材要整体观察一下是否有色差、色斑石材，若发现，应及时更换，以免贴好凝固后不易更换。

i. 擦缝（勾缝）：墙面施工时，难免存在部分缝隙稍大现象，在石材黏结牢固后，取部分石材碾碎成粉，拌入到黏胶泥或白水泥中，可适当掺入调色粉、剂等混合水拌匀，然后均匀地涂在缝隙稍大部位，待初凝后用海绵将石材表面的污渍擦干净。

j. 清理：在墙面施工完成后，用清水将石材表面冲洗干净，若有污渍难以清洗，可用草酸或稀盐酸加水稀释后用钢丝刷刷净，然后用清水冲洗。用草酸或盐酸清洗后，一定要及时用清水冲洗干净，否则会腐蚀石材表面。光面石材不得用草酸或盐酸冲洗。

k. 保护：完工后，应及时做好保护，特别是在拆架时应严加注意。具体保护措施详见成品保护介绍。

②边长大于 400 mm、厚度在 30 mm 以上、镶贴高度超过 1 m 或设计要求时，采用灌浆工艺。

灌浆流程：材料验收→放大样→基层处理→放精样→试拼→钻孔、剔槽→放绑扎丝→安装固定→灌浆→擦缝→清理墙面→保护。

> **注意** ｜ 材料验收、放大样、基层处理、放精样、试拼、擦缝、清理墙面、保护同湿贴做法一致，在此省略。

a. 钻孔、剔槽：安装前先将饰面板用台钻钻眼。钻眼前先将石材预先固定在木架上，使钻头直对板材上端面，在锤块板的上、下两个侧面打眼，孔的位置打在距板宽两端 1/4 处，每个面各打两个眼，孔径为 5 mm，深度为 12 mm，孔位（孔中心）距石板背面以 8 mm 为宜。若板材宽度较大，可增加孔数。钻孔后用金刚石錾子把石板背面的孔壁轻轻剔一道槽，深 5 mm 左右，连同孔眼形成牛鼻眼，以备埋卧铜丝之用。板的固定采用防锈金属丝绑扎。大规格的板材，中间必须增设锚固点，若下端不好拴绑金属，可在未镶贴饰面板的一侧，用手提轻便小薄砂轮（4～5 mm），按规定在板高的 1/4 处上、下各开一槽（槽长 30～40 mm，槽深 12 mm，与饰面板背面打通，竖槽一般在中，也可偏外，但以不损坏外饰面和不致反碱为宜），将绑扎丝卧入槽内，便可拴绑与钢筋网（φ6 钢筋）固定。

b. 放绑扎丝：将绑扎丝（铜丝或镀锌铅丝）剪成长 200 mm 左右，一端用木楔子粘环氧树脂将绑孔丝搋进孔内固定牢固，另一端顺槽弯曲并卧入槽内，使石材上下端面没有绑扎丝凸出，以保证相邻石材接缝严密。

c. 绑扎钢筋网：具体做法为将墙体饰面部位清理干净，剔出预埋在墙内的钢筋头，焊接或绑扎 φ6 钢筋网片，先焊接竖向钢筋，并用预埋钢筋弯压于墙面，后焊横向钢筋，是为绑扎石材所用。如果板材高度为 600 mm，第一道横筋在地面以上 100 mm 处与竖筋绑扎牢固，用来绑扎第一层板材的下口固定绑扎丝，第二道绑扎在 500 mm 水平线上 70～80 mm 且比石板上口低 20～30 mm 处，用来绑扎第一层石板上口固定

绑扎丝，再往上每 600 mm 一道横筋即可。

d. 安装固定：石材的安装固定是按部位取石材将其就位，石板上口外仰，右手伸入石板背面，把石板下口绑扎丝绑扎在横筋上，绑扎时不要太紧，只要把绑扎丝和横筋拴牢就可以；把石板竖起，便可绑石板上口绑扎丝，并用木楔垫稳，石板与基层间的间隙一般为 30～50 mm（灌浆厚度）。用靠尺检查调整木楔，达到质量要求后再拴紧绑扎丝，如此依次向下进行。柱面按顺时针方向安装，一般先从正面开始。第一层安装固定完毕，再用靠尺板找垂直，水平尺找平整，方尺找阴阳角方正。在安装石板时若发现石板规格不准确或石板之间缝隙不符，应用铅皮固定，使石板之间缝隙一致，并保持第一层石板的上口平直。找完垂直、平整、方正后，调制熟石膏，将调成粥状的石膏贴在石板上下之间，使这两层石板黏结成一个整体，木楔处也可黏结石膏，再用靠尺检查有无变形，待石膏硬化后方可灌浆。除用石膏外，还可以用云石胶做临时固定。

e. 灌浆：石材板墙面防空鼓是关键。施工时应充分湿润基层，砂浆按 1：2.5 配制，稠度控制在 80～120 mm，用铁簸箕舀浆徐徐倒入，注意不要碰撞石材板，边灌边用橡皮槌轻轻敲击石板面或用短钢筋轻捣，使浇入的砂浆排气。灌浆应分层分批进行，第一层浇筑高度为 150 mm，不能超过石板高度的 1/3。第一层灌浆很重要，既要锚固石板的下口绑扎丝又要固定石板，所以必须轻轻地小心操作，防止碰撞和猛灌。若发现石

板外移错位，应立即拆除重新安装。第一次灌浆后待 1～2 小时，等砂浆初凝后应检查一下是否有移动，确定无误后，再进行第二层灌浆。第二层灌浆高度为 200～300 mm，待初凝后再灌第三层，第三层灌至低于板上口 50～100 mm 处为止。必须注意防止临时固定石板的石膏块掉入砂浆内，避免因石膏膨胀导致外墙面泛白、泛浆（如果石材为浅色，须采用白水泥混合砂浆）。

2）特殊季节施工要求：

①夏季高温季节：在夏季施工时，首先应洒水将基层湿润，使砂浆容易同基层黏结；待石材铺贴完成 6 小时后，用水轻洒至铺装石材上，将石材表面湿润，防止因温度高导致石材同黏结层之间因脱水使石材脱落，在第二天用水充分将铺装面湿润。

②冬季低温季节：在冬季施工时，应将防冻剂和快凝粉掺入黏结层中，加快水泥的凝固时间；铺装完成后，应用 300 g 以上的土工布将铺装面完全覆盖，然后用厚薄膜将其整体覆盖，做好保温工作。当最低温度低于 -2 ℃时，应停止铺装工作。

3）质量标准：

主控项目：

①材料的品种、规格、颜色、图案必须符合设计要求和满足现行的质量标准。

②饰面板镶贴或安装必须牢固、方正、棱角整齐，不得有空鼓、裂缝等缺陷。

③主控数据：任意 2 m 范围表面平整度误差在 3 mm 内，任意 2 m 范围石材缝隙垂直度误差

在 3 mm 内，任意两块石材接缝高低在 0.5 mm 内。

一般项目：

①表面平整、洁净、颜色一致、图案清晰、协调。

②接缝嵌填密实、平直、宽窄一致，颜色一致，阴阳角处板的压向正确，非整板的使用部位适宜。

③整板套割吻合，边缘切割缝整齐；贴面、墙裙等处上口平顺、凸出墙面厚薄一致。

（2）墙面干挂、点挂石材：

1）干挂流程：材料验收→搭设脚手架、活动架→测量放线→埋件→钢架焊接→防锈处理→石材安装→密封填缝→抛光打蜡→拆除脚手架。

作业条件

1. 结构经检查和验收，隐检、预检手续已办理，水电管线、设备安装施工完毕。

2. 石板按设计图纸的规格、品种、质量标准、数量备料，并进行表面六面防护处理工作（干挂石材必须六面防护）。

3. 已备好不锈钢锚固件、嵌固胶、密封胶、胶枪、泡沫塑料条及手持电动工具等。

4. 对施工操作者进行技术交底，应强调技术措施、质量标准和成品保护。

5. 根据需要可先做样板，经施工单位自检，报业主和设计鉴定合格后，方可组织人员进行大面积施工。

3）施工工艺：

①验收石材：

色差：要求石材表面不得有色差、色斑、色线等出现。室外工程会受雨水影响，在验收时应将石材洒水看表面是否有色差现象。

厚薄：石材厚度误差应在相关规范内，一般在 ±2 mm 以内。干挂石材厚度要求不小于25 mm。

表面平整度：规格在 400 mm×400 mm 以上尺寸时，容易出现石材表面不平，此类石材应禁用，以防止大面积铺贴导致影响效果，特别是墙面工程。

平面尺寸：石材平面尺寸误差应在 1 mm 以内，对角线尺寸误差应在 3 mm 以内。注意：石材厚度为 25 mm 时，单块石材的面积不宜大于 1 m^2，石材厚度为 25 mm 以上时，单块石材的面积不宜大于 1.5 m^2。

面饰处理：应达到设计要求面饰效果，应注意光面石材的抛光度应在 90% 以上，荔枝面石材表明颗粒大小、深度均匀等。

残缺、裂纹：施工前应严格筛选，石材不得有裂纹出现，特别是干挂石材，石材表面浇上水以后容易看出是否有裂纹。

石材防护处理的效果检验：将水洒在石材表面，看是否有小气泡停留在石材表面，如果有很多小气泡则证明已达到防护要求，水分不能进入石材内。在验证时，可另选择一块没有做过防护的石材做对比，效果会比较明显。

注意　石材打包要结实，底部全部用木框架绑扎，石材与石材之间应用软质材料阻隔，防止在运输过程中造成石材的爆边。

②搭设脚手架：采用钢管扣件搭设双排脚手架，要求立杆距墙面净距不小于 500 mm，短横杆距墙面净距不小于 300 mm，架体与土体结构连接锚固牢固，架子上下满铺跳板，外侧设置安全防护网。

③测量放线：先将要干挂石材的墙面用特制大线坠或经纬仪从上至下找出垂直，同时应该考虑石材厚度及石材距结构表面的间距，一般以 120 ~ 150 mm 为宜（若没有主龙骨，空隙在 60 ~ 80 mm 为宜）。根据石材的高度用水准仪测定水平线并标注在墙上，一般板缝为 6 ~ 10 mm。弹线要从外墙饰面中心向两侧及上下分格，误差要匀开。放线时应将埋件的位置确定好，确定好主龙骨、支架的位置。

④埋件：

预置埋件：大面积施工时首先考虑预置埋件。施工时先找出预置埋件，将埋件表面清理干净，如果埋件的位置有偏差，应考虑加固、焊接等，确保主龙骨都能同埋件完全焊接。埋件要求满足国家相关规范。

后置埋件：只能在小面积施工或预置埋件有偏差时采用。应采用厂方预加工好的热镀锌埋件，确定好埋件位置后，先用电槌在墙体上钻孔，将化学锚栓放进打好的孔内，调整好埋件的平整度，放好拧上螺栓。注意：在大面积施工过程中，应预先做好各项检测工作，如检测镀锌埋件厚度、镀锌厚度、化学锚栓等，并做好拉拔实验。

⑤钢架焊接。按照设计要求的规格、型号，参照相关规范进行验收材料，焊接具体操作是先计算好墙面同石材之间的空隙，计算时应综合考虑墙体的误差等，从墙体顶端向下吊垂线，先点焊将龙骨固定在埋件上，然后再吊垂线使其符合尺寸，此时还可以微调，确认无误后，对龙骨进行满焊。龙骨完成后焊支架，支架角钢的 L 形上口平面要比板缝下口略高 3 ~ 5 mm。钢架焊接完成后，应检查是否已全部满焊，然后将焊渣全部敲除，并用磨光机进行打磨，焊接部位打磨后应呈鱼鳞状。大面积施工时，应按照相关规范考虑钢材的伸缩缝，一般主龙骨长度为 8 ~ 10 m 时应断 20 ~ 30 mm 的缝隙。

⑥防锈处理：焊接部位打磨完成后，用防锈漆将焊接部位均匀涂上，待防锈漆干燥后，再均匀地涂 1 ~ 2 次，完成后，再用银粉漆喷涂在防锈漆表面 1 ~ 2 次。

⑦石材安装：

石材开槽：安装石板前先测量准确位置，然后再进行石材开槽，开槽深度为 25 ~ 30 mm，槽宽为 6 ~ 8 mm，开槽的长度为 80 ~ 100 mm，且槽应在石材侧壁的中间部位。开槽的部位与板材边缘的最大距离不超过 180 mm，最小距离不小于板厚的 3 倍。

上扣件：干挂扣件应采用国标 207、304 双弯不锈钢扣件，底层石材下口应用 45°单弯扣件。固定用螺栓、螺帽均应采用不锈钢材质。安装设计的规格选用相应型号扣件，在挂石材前拧在钢架上。

底层石材安装：安装底层石板，应根据固定的不锈钢挂件位置进行安装，具体操作是将石板孔槽和锚固件固定销对位安装好，利用锚固件的长方形螺栓孔，调节石板的平整，用方尺找阴阳角方正，拉通线找石板上口平直，然后用锚固件将石板固定牢固，并用 AB 胶将锚固件填堵固定。应注意的是，石材下口应低于铺装地面标高 50 mm 左右。

上行石板安装：先往下一行石板的插销孔内注入嵌固胶，擦净残余胶液后，将上行石板按照安装底石板的操作方法就位。检查安装质量，符合设计及规范要求后进行固定。对于檐口等石板上边不易固定的部位，可用同样方法对石板的两侧进行固定。

⑧密封填缝：待石板挂贴完毕，就进行表面清洁和清除缝隙中的灰尘，先用直径 8 ~ 10 mm 的泡沫塑料条填板内侧，留 3 ~ 5 mm 深缝，在缝两侧的石板上，靠缝粘贴 10 ~ 15 mm 宽塑料胶带，以防打胶嵌缝时污染板面，然后用打胶枪填满封胶，若密封胶污染板面，必须立即擦净，

最后揭掉胶带。

⑨抛光打蜡：在完成以上工作后，应仔细检查是否有遗漏或不足处以及时修补，清洁石板表面，打蜡抛光，达到质量标准后，准备拆除脚手架。

⑩拆除脚手架：拆除脚手架时，应小心勿损伤已安装好石材，对拆除下的钢管等集中整齐堆放。

（3）石材点挂施工：

1）点挂流程：材料验收→搭设脚手架、活动架→测量放线→钻孔→石材安装→密封填缝→抛光打蜡→拆除脚手架。

2）施工工艺：点挂石材同干挂石材步骤基本一致，区别在于干挂是烧龙骨焊支架，点挂为在墙面上开洞放置膨胀螺栓固定扣件。具体步骤为：

安装石板前先测量准确位置，然后再进行钻孔开槽，对于钢筋混凝土或砖墙面，先在石板的两端距孔中心 80 ～ 100 mm 处开槽钻孔，孔深 40 ～ 55 mm，然后在墙面相对于石板开槽钻孔的位置钻直径 8 ～ 10 mm 的孔，将不锈钢膨胀螺栓一端插入孔中固定，另一端挂好锚固件。对于钢筋混凝土柱梁，由于构件配筋率高，钢筋面积较大，在有些部位很难钻孔开槽，在测量弹线时，应该先在柱或墙面上躲开钢筋位置，准确标出钻孔位置，待钻孔及固定好膨胀螺栓锚固件后，再在石板的相应位置钻孔开槽。

后续步骤同干挂石材相同。

3）质量标准：

①主控项目：

a. 石材墙面工程所用材料的品种、规格、性能和等级，应符合设计要求及国家现行产品标准和工程技术规范的规定。

b. 石材墙面的造型、立面分格、颜色、光泽、花纹和图案应符合要求。

c. 石材孔、槽的数量、深度、位置、尺寸应符合设计要求。

d. 墙角的连接节点应符合设计要求和技术标准的规定。

②一般项目：

a. 石材墙面表面应平整、洁净，无污染、缺损和裂痕。颜色和花纹应协调一致，无明显色差和修痕。

b. 石材接缝应横平竖直、宽窄均匀；阴阳角石板压向应正确，板边合缝应顺直；凹凸线出墙厚度应一致，上下口应平直；石材面板上洞口、槽边应套割吻合，边缘应整齐。

c. 石材饰面板安装的允许偏差应符合《建筑装饰装修工程质量验收规范》GB 50210 的规定。

2. 毛石饰面

（1）工艺流程：基层处理→贴灰饼→湿润基层→粘贴、固定→灌浆→勾缝→擦缝→清洗、保护。

（2）施工准备：

1）材料：

①水泥：32.5 级及以上的普通硅酸盐水泥或

矿渣硅酸盐水泥。

②中、粗砂。

③卵石：使用大小为 300 mm×300 mm 至 600 mm×600 mm 的黄色卵石，要求表面光滑、平整，厚薄相差不应太大，四周无锋利毛角。

④瓜子片。

> **作业条件**
> 1. 墙体、挡墙砌筑、粉刷抹灰施工完毕。
> 2. 墙柱面暗装管线安装完毕，并经检验合格。
> 3. 材料已进场、到位。

（3）操作工艺：

①基层处理：基层为混凝土墙面时，对表面光滑的基层进行处理，将基层表面灰尘清理干净，在墙面上均匀涂上掺加水重20%建筑胶的水泥浆水。

对表面很光滑的基层应进行"毛化处理"，即将表面尘土、污垢清理干净，浇水湿润，用1∶1水泥细砂浆喷洒，或用毛刷将砂浆甩到光滑基面上。甩点要均匀，终凝后再浇水养护，直到水泥砂浆疙瘩有较高的强度，用手掰不动为止。

基层为砖墙面时，在粉刷面层水泥砂浆初凝时，用扫帚轻扫将表面拉毛。

②贴灰饼：吊垂直，找规矩，贴灰饼。

③湿润基层：在粘贴前，提前一天将墙面浇湿。

④粘贴、固定：先对卵石精心预排试拼，使纹路、大小搭配合理，达到令人满意的效果。卵石安装是按排好的顺序分块粘贴，卵石块放好调整平整度，然后用水泥砂浆或借助云石胶等固定。

⑤灌浆：在一层石材黏结、固定完成后，将砂浆按1∶2.5配置，注意砂浆不应过稀，以可拿起不滴水为准，用砂板掏起砂浆放入卵石与墙体之间，边灌边用钢筋捣实，灌浆应分层分批进行，第一层浇筑高度不超过卵石高度的1/2。第一层灌浆很重要，所以必须轻轻地小心操作，防止碰撞和猛灌。若发现卵石外移错位，应立即拆除重新安装。第一次灌浆后待1～2小时，等砂浆初凝后应检查一下是否有移动，确定无误后，进行第二层灌浆。

⑥勾缝：在卵石全部贴完或完成大面积施工后开始勾缝，在勾缝时，应先做2～3 m² 的样板，待样板完成满意后，方可进行大面施工。施工步骤如下：首先将缝隙内的水泥浆、杂物等清理干净，用清水冲洗，充分湿润基层，砂浆按1∶2配置，控制好稠度，使用专业勾缝工具灌入缝隙内，用钢筋或勾缝条压实，砂浆表面压光处理。勾缝应饱满、均匀，表面光滑。

⑦擦缝：待勾缝砂浆初凝后，用清水将污染在卵石表面、边缘的水泥砂浆清洗干净，不要将石材缝隙内的水泥砂浆洗去，若不小心洗去，应重新勾缝。

⑧清洗、保护：墙面施工完成后，用清水冲洗墙面，将污泥、水泥浆冲洗干净，若有必要，可用高压水枪冲洗，以达到美观的效果。

（4）质量标准：

①材料品种、颜色必须符合设计要求，质量应符合现行相关标准的规定。

②镶贴必须牢固，无空鼓、缺棱、掉角和裂缝等缺陷。

③缝隙均匀，饱满、有亮光。

注意	1. 空鼓：基层清洗不干净；抹底子灰时基层没有保持湿润；基层表面偏差较大，基层施工或处理不当；灌浆未捣实等。 2. 墙面脏：粘贴水泥浆未及时清干净；擦缝后没有将残留的水泥浆彻底擦干净。 3. 勾缝不当：缝不均匀，块粒凹凸。 4. 选材不恰当：卵石大小比例不协调，搭配不合理。

3. 面砖、瓷砖面饰

（1）工艺流程：基层处理→吊垂直、套方、找规矩→贴灰饼→墙面找平→弹线分格→排砖→浸砖→镶贴面砖→面砖勾缝与擦缝。

（2）施工准备：

①水泥：42.5 级矿渣水泥或普通硅酸盐水泥。应有出厂证明或复试单，若出厂超过 3 个月，应按试验结果使用。

②白水泥：42.5 级白水泥，专用填缝剂。

③砂子：粗砂或中砂，用前过筛。

④面砖：面砖的表面应光洁、方正、平整；质地坚固，其品种、规格、尺寸、色泽、图案应均匀一致，必须符合设计规定。不得有缺棱、掉角、暗痕和裂纹等缺陷。各性能指标均应符合国家现行标准的规定，釉面砖的吸水率不得大于 10%。

⑤建筑胶水和矿物颜料等。

作业条件	1. 墙面基层清理干净。 2. 按面砖的尺寸、颜色进行选砖，并分类存放备用。 3. 大面积施工前应先放大样，并做出样板墙，确定施工工艺及操作要点，并向施工人员做好交底工作。样板墙完成后，还要经过设计、甲方和施工单位共同认定，方可组织班组按照样板墙要求施工。

（3）操作工艺：

①基层处理。首先将凸出墙面的混凝土剔平，对大钢模施工的混凝土墙面应凿毛，并用钢丝刷满刷一遍，再浇水湿润。如果基层混凝土表面很光滑，亦可采取如下的"毛化处理"办法，即先将表面尘土、污垢清扫干净，用 10% 火碱水将板面的油污刷掉，随之用净水将碱液冲净、晾干，然后用 1：1 水泥细砂浆内掺水重 20% 的 107 胶，喷或用笤帚将砂浆甩到墙上，其甩

点要均匀，终凝后浇水养护，直至水泥砂浆疙瘩全部粘到混凝土光面上，并有较高的强度（用手掰不动）为止。

②吊垂直、套方、找规矩、贴灰饼：根据面砖的规格尺寸设点、做灰饼。

③墙面找平：先刷一道掺水重10%的建筑胶素水泥浆，紧跟着分层分遍抹底层砂浆（常温时采用配合比为1：3水泥砂浆），每一遍厚度宜为5 mm，抹后用木抹子搓平，隔天浇水养护。待第一遍六七成干时，即可抹第二遍，厚度8～12 mm，随即用木杠刮平、木抹子搓毛，隔天浇水养护。若需要抹第三遍，其操作方法同第二遍，直到把底层砂浆抹平为止。

④弹线分格：待基层灰六七成干时，即可按图纸要求进行分段分格弹线，同时亦可进行面层贴标准点的工作，以控制出墙尺寸及垂直、平整。

⑤排砖：根据大样图及墙面尺寸进行横竖向排砖，以保证砖缝隙均匀，符合设计图纸要求，注意大墙面要排整砖，在同一墙面上的横竖排列，均不得有一行以上的非整砖。非整砖行应排在次要部位，若窗间墙或阴角处等。但也要注意一致和对称。如遇有凸出的卡件，应用整砖套割吻合，不得用非整砖随意拼凑镶贴。

⑥浸砖：釉面砖镶贴前，首先要将面砖清扫干净，放入净水中浸泡2小时以上，取出待表面晾干或擦干净后方可使用。

⑦镶贴面砖：镶贴应自下而上进行，从最下一层砖下皮的位置线先稳好靠尺，以此托住第一皮面。在面砖外皮上口拉水平通线，作为镶贴的标准。在面砖背面宜采用1：2水泥砂浆镶贴，砂浆厚度为6～10 mm，贴上后用灰铲柄轻轻敲打，使之符线，再用钢片调整竖缝，并通过水平尺调整平面和垂直度。

⑧面砖勾缝与擦缝：面砖铺贴拉缝时，用1：1同色水泥砂浆勾缝，将水泥砂浆拌匀，均匀地涂在面砖缝隙上，在涂抹时应分层挤压，将砂浆充分挤压到缝隙内，使缝隙填满砂浆。然后用钢筋条分别压实收光，使缝隙呈微凹状，且表面光滑、平直。面砖缝子勾完后，用布或棉丝蘸稀盐酸擦洗干净后用清水冲洗。

（4）质量标准：

1）保证项目：

①饰面砖的品种、规格、颜色、图案必须符合设计要求和符合现行标准的规定。

②饰面砖镶贴必须牢固，无歪斜、缺棱、掉角和裂缝等缺陷。

2）基本项目：

①表面平整、洁净，颜色一致，无变色、污痕，无显著的光泽受损处，无空鼓。

②接缝填嵌密实、平直，宽窄一致，颜色一致，阴阳角处压向正确，非整砖的使用部位适宜。

③套割：用整砖套割吻合，边缘整齐。

3）成品保护：

①要及时清擦干净残留在面砖上的砂浆。

②认真执行合理的施工顺序，注意不要碰撞墙面。

③墙面贴面完成后，在周边做好围护。

（5）应注意的质量问题：

1）空鼓、脱落。

①因冬季气温低，砂浆受冻，到来年春天化冻后容易发生脱落。因此在进行贴面砖操作时应保持正温，在冬季施工时，应掺入防冻剂拌在砂浆内，且贴面完成后，要求做好一定的保温、覆盖工作。在夏季高温季节施工时，应注意保湿工作，在施工前，先将墙面湿润，然后开始贴面，再贴面完成6小时后，用水均匀洒在面砖上，以降低温度，第二天再用适量的水浇在墙面上，避免因干燥导致瓷砖脱落或空鼓。

②基层表面偏差较大，基层处理或施工不当，面层就容易产生空鼓、脱落。

③砂浆配合比不准，稠度控制不好，砂子含泥量过大，在同一施工面上采用几种不同的配合比砂浆，因而产生不同的干缩，亦会空鼓。应在贴面砖砂浆中加适量107胶，增强黏结，严格按

工艺操作，重视基层处理和自检工作，要逐块检查，发现空鼓的应随即返工重做。

2）墙面不平。主要是结构施工期间，几何尺寸控制不好，造成外墙面垂直、平整偏差大，而在贴面前对基层处理又不够认真。应加强对基层打底工作的检查，合格后方可进行下道工序。

3）分格缝不匀、不直。主要是施工前没有认真按照图纸尺寸，核对结构施工的实际情况，加上分段分块弹线、排砖不细、贴灰饼控制点少，以及面砖规格尺寸偏差大、施工中选砖不细、操作不当等造成。

4）墙面脏。主要原因是勾完缝后没有及时擦净砂浆以及其他工种污染所致，可用棉丝蘸稀盐酸加20%的水刷洗，然后用自来水冲净。同时应加强成品保护。

4. 真石漆面层

（1）施工条件见表3-6。

表3-6　施工条件

项目	条件
温度	5℃以上
湿度	80% 以下
基面的含水率	砂浆、混凝土面 10% 以下
基面的 pH 值	10 以下

（2）基面要求：

1）基层抹灰的允许偏差和检验方法见表 3-7。

表 3-7　基层抹灰的允许偏差和检验方法

项次	项目	允许偏差／mm	检验方法
1	立面垂直度	≤ 4	用 2 m 垂直检测尺检查
2	表面平整度	≤ 4	用 2 m 垂直检测尺检查
3	阴阳角方正	≤ 4	用直角检测尺检查
4	分格条（缝）直线度	≤ 4	拉 5 m 线，不足 5 m 拉通线，用钢直尺检查
5	墙裙、勒角上口直线度	≤ 4	拉 5 m 线，不足 5 m 拉通线，用钢直尺检查

2）为保证基层质量的相关要求：

①一般来讲，新的抹灰基层应养护 10 天以上，新的混凝土基层应养护 28 天以上，而且前三天的养护非常重要，应保持基层充分湿润，具体干燥保养所需时间见表 3-8。

表 3-8　基面具体干燥保养所需的时间

基面	夏季	春、秋季	冬季
钢筋混凝土	21 天	21 ～ 28 天	28 天
水泥灰膏、石膏灰膏	14 天	14 ～ 21 天	21 天
白云石灰泥粉、麻刀灰膏	2 个月	2 ～ 3 个月	3 个月

注：不同季节、不同基面干燥保养所需的时间也不同。

②大面积外墙面宜做分格处理，以防止抹灰基层收缩裂缝和涂装接槎，分格条要求质硬挺拔。外立面粉刷时应按设计要求预留分格线条（结构格），对预留结构格的理论值为 1.5 m×1.5 m。

③基层必须确保平整、不起粉、无空鼓及裂缝、干燥。

④外墙转角及门窗洞口做 1 ： 2 水泥砂浆护角线。

⑤基层水泥砂浆施工前应采取在混凝土墙面涂刷界面剂，在砖墙与混凝土柱墙面交接处布上钢丝网片等措施避免粉刷层与基层空鼓、开裂，水泥砂浆要求垂直平整。

⑥玻璃纤维增强混凝土（GRC）或石膏装饰线条需安装平直且牢固，在安装时线条与线条接缝处预留 8 mm 宽缝，用外墙弹性腻子把缝填满且平整，线条与线条接缝处用网格绷带粘贴牢固，并用专用瓷砖腻子批嵌平整，打磨平整。

⑦为完美体现真石涂料的质感，要求分格缝线条、窗台线条、踢脚线等笔直，阴阳角要平直，立面垂直，缺口要修补完整。

3）基层处理和检查：

①外窗台抹灰面层两侧做挡水端、檐口，窗台底部必须做滴水线，女儿墙顶部、阳台栏板顶部抹灰面的泛水应向内侧。

②外墙基层通常不需要批腻子，如果一定要批嵌，则应采用专用外墙腻子，平均厚度不超过 2 mm，一次性批刮完成，起二次找平的作用，批完后的墙面要求达到高级抹灰验收标准。

③涂料施工前应对基层的状况如平整度、强度、裂缝、粗糙度、含水率、碱性等质量指标进行验收，并做记录。对于不符合要求的应事先修补处理，并按规定养护，使其符合验收要求后涂料方可施工。

具体验收：砂浆 pH 值的测定要求在砂浆粉刷前对拌和好的砂浆进行试纸检测，含水率测定可以在相应部位取一块砂浆，采用烘干法测定，

在实际操作中可通过特征观察进行基本判定。

④墙面上各种构件、预埋件、水暖设施等应按设计要求及早安装定位，外露钢铁件须做好防锈处理。

⑤施工面平滑、清洁、无杂物等附着物，并用刷子将附着在基面的杂物、土砂、灰尘等除去。

⑥支模灌注的水泥墙壁，当模板涂有脱模剂时，应用溶剂（香蕉水）洗净。模板的木纹如果留在了基面上，应去除，否则会影响到将来涂膜变色、隆起。

（3）施工准备：严格按照确定的标准色卡编号或封样验货，大面积施工前应由操作人员按工序要求做好"样板"，并将其保存至竣工。

真石涂料在施工前须采用专用塑料保护膜对门、窗等易污染部位进行保护。

涂料包装桶上的标签不得损坏，储存和运输应避免日晒雨淋，冬季应避免受冻。

涂料应该以型号和颜色的不同，分别堆放。

涂刷前应按要求稀释，充分搅拌后方可使用，并做到随拌随用。

脚手架的支撑点和拉结点，在涂刷前妥善移位，修补平整，脚手架离墙的距离要求在 40 cm 左右，以便涂刷操作。

在施工前对工人进行统一的培训，做到五统

一：喷嘴大小统一、喷气量统一、与墙面的距离统一、运行速度统一、喷涂手法统一。

（4）真石涂料施工：

①外墙真石涂料施工应由建筑物自上而下，每个立面自左向右进行，真石漆大面积施工不允许存在接槎，若要分段施工，应以墙面分格缝、墙面阴阳角或落水管为分界线。

②底漆施工：每套底漆由 23.5 kg 主剂和 1.5 kg 硬化剂组成，即按 100 ：6.4 的比例调配，可采用滚筒滚涂或喷枪喷涂，先将墙角、边缘之处用毛刷刷好，再做大面墙面。涂装时加入清水进行稀释，稀释率约为 10%，根据环境不同进行调整。

底漆的涂量：涂装时的涂量为 0.25 kg/m²，涂一遍即可，每套 25 kg 大约可涂 100 m²。

干燥间隔时间：涂完底漆后要干燥 16 小时以上才能喷涂主材。

③主材的施工：将验收合格的主材按厂家规定的稀释率进行稀释（切记不可超量加水使用）后，用电动搅拌器搅拌均匀。

④面漆施工：主材需完全干燥后才能上面漆，干燥时间在 24 小时以上。每套面漆由 13 kg 主剂加 2 kg 硬化剂组成，按照 100 ：15.4 的比例调配，再缓慢加入稀释剂加以稀释，稀释率必须控制在 20% 以下。可采用滚筒滚涂或喷枪喷涂，先将墙角、边缘之处用毛刷刷好，再做大面墙面。

面漆的涂量：施工时的标准涂量为 0.20 kg/m²，分两遍涂装，每一遍的涂量为 0.1 kg/m²。

干燥间隔时间：透明保护面漆分两次涂装，每次涂一半的量，反复滚（喷）涂至均匀为止。两次面漆之间应间隔 1 ～ 4 小时。

第二遍面漆涂完之后，须保养 24 小时。30 天彻底干燥后应可耐汽油或香蕉水擦洗。

（5）真石涂料的涂装工序流程：准备工作→基面修整→保养→批嵌腻子→涂底漆→贴打格纸→涂装主材→涂透明保护面→自己检查→清扫→拆除脚手架。

（6）真石漆的验收标准：

1）涂料工程应待涂层完全干燥后方可进行验收，验收时，应检查所用材料的型号、材料合格证、基层验收资料。颜色应符合设计或用户选定颜色的要求，同一墙面色泽均匀，不得漏涂，不得玷污。同一墙面的涂料接槎处，不宜出现明显接痕。

2）具体的验收标准见表3-9、表3-10。

表3-9　外墙真石漆完成后的观感质量标准和检验方法

项次	项目	验收标准	检验方法
1	颜色	均匀一致	观察
2	泛碱、咬色	不允许	
3	流坠、疙瘩	不允许	
4	砂眼、刷纹	无砂眼，无刷纹	

注：涂料工程验收时，应检查所用材料的型号、材料合格证、基层验收资料。

表3-10　外墙真石漆完成后的实测验收标准（按高级抹灰）

项次	项目	验收标准允许偏差／mm	检验方法
1	立面垂直度	≤3	用2m垂直检测尺检查
2	表面平整度	≤3	用2m垂直检测尺检查
3	阴阳角方正	≤3	用直角检测尺检查
4	装饰线、分色线直线度	≤1	拉5m线，不足5m拉通线，用钢直尺检查

3）46 号 阿尔卑斯花岗石 ELEGANSTONE Ⅱ 的标准施工工艺实例：

①标准工艺见表 3-11。

表 3-11 阿尔卑斯花岗石的标准工艺

工序	材料	配合比	稀释量	涂布量/（kg/m²）	工具	喷涂次数	工序间隔时间	制作注意点
底漆	CT UNDER 主剂	100	5～15	0.25	滚筒	1	16 小时以上	长毛滚筒施工，涂布均匀
	CT UNDER 固化剂	6.4	—	—	—	—	—	完成后颜色一致，不透底。完成配比后的材料，4 小时内使用完毕
设计图案	根据设计要求在墙上设计图案							
放样	打出图案的底线							
贴打格纸	沿打好的底线正确贴上打格纸							
主色 A	ELEGANSTONE 2	—	0～4	4.5	万能喷枪	1	10 分钟以内	采用万能喷枪口径 6.5 mm 喷嘴喷涂，保证涂布均一性，喷涂平整。枪针应与墙面保持垂直，枪距 30~50 cm，移动速度均匀；保证主材标准用量，造型和厚度要均匀
辅色 B	ELEGANSTONE 2	—	0～4	0.15～0.2	万能喷枪	1	10 分钟以内	采用万能喷枪口径 4.0~5.5 mm 喷嘴喷涂，保证喷洒均一，具体请参照标准样板
辅色 C	ELEGANSTONE 2	—	0～4	0.08～0.1	万能喷枪	1	10 分钟以内	采用万能喷枪口径 4.0~5.5 mm 喷嘴喷涂，保证喷洒均一，具体请参照标准样板
表面处理	待主色与辅色完全喷涂完毕后，且确认造型与标准样板造型吻合，采用短羊毛滚筒表面压平，待主材未完全干燥时除去打格纸							

续表 3-11

工序	材料	配合比	稀释量	涂布量 / （kg/m²）	工具	喷涂次数	工序间隔时间	制作注意点
面漆	CLEAN ELEGAN TOP D BASE 主剂	100	0 ~ 20	0.2	滚筒或油漆喷枪	2	1 小时以上	完成配比后 4 小时内使用完
	CLEAN ELEGAN TOP D HARDENER 固化剂	15.4						按比例配比材料，不得超量添加稀释剂
	THINNER A 稀释剂	—		—				—

②施工注意事项：

三色外装修施工：单嘴喷枪口径 6 ~ 8 mm，压力 0.392 ~ 0.588 MPa。

由于基面的吸收率不同，会发生色彩不均的风险，所以基色主材务必要喷涂均匀。

在每次开始喷涂主材涂料时，应预先在实验板上喷涂，观察喷出状态，进行调整，在确认了色相喷布幅宽等均无问题之后再进入正式喷涂。

喷涂接头部脚手架下部最容易发生色彩不均现象，所以一喷完后应尽早地喷下一块。

禁止在大面积壁面上不打格地喷涂，一定要先打格再施工，且尽量地多打格子，格子的大小控制在 1.5 m² 以内。面漆务必涂两次，光泽要均匀，要遵守单位面积涂布量的规定；若想降低表面的光泽，不要用减少涂布量的方法来达到这一目的，而应该改换使用三成光泽或消光的面漆。

③气象条件的影响：

a. 气象的影响：禁止在气温 5 ℃以下和下雨、下雪以前、之后施工。

早晚和中午的温差太大时，以及夜间冷透了而到了中午也没有暖过来的壁面也不许施工。

当预测到夜间气温将会降到 0 ℃以下，应在白天尽早结束施工，以便留出充分的干燥时间。

b. 风的影响：当风速（对于风速，可以通过天气预报了解，也可以采用专用风速仪测定）达到 5 m/s 以上时应停止施工；在低温天气施工时，为了减少风带来的影响，应采取篷布遮盖措施。

c. 雨的影响：天气预报 12 小时以内有雨，应停止施工，雨后连续晴天干燥 2 天以上，方可施工；另外每天最佳施工时间为上午 9：00—下午 17：00，其他时间将会因墙面吸潮而在一定程度上影响施工效果。

绝对不能在含水率超过规定标准的基面上施工，否则会引起涂膜剥离。

d. 结露的影响：对于早晨表面有结露的基面，应待基面完全干燥之后再进行施工。

f. 湿度的影响：湿度超过 80% 时应停止施工。

④施工条件的管理：

a. 保证各道工序之间的时间间隔，只有前一层涂膜干透后才能涂下一层涂料。

b. 单位面积的涂布量如果低于规定的标准，会发生遮盖不完全或色彩不均。

c. 有脚手架的地方易发生喷涂不均，在撤去脚手架之前要仔细检查，必要时应该进行修补。

⑤其他注意事项：

a. 喷枪、滚筒等工具不使用时应及时清洗，否则真石漆会渐渐硬化，无法使用。

b. 误涂在门、窗上的涂料痕迹，要立即用清水或热水擦去，否则干硬后就难以擦洗干净。

c. 阿尔卑斯花岗石，冬季应该注意防冻，0 ℃以下会损坏材料的质量，材料应该摆放在木板上再放在地面上，夏季应该通风避免阳光直接照射。

d. 上述所有的材料都是危险品，应该设立危险品仓库，建立相应的防火制度和具体措施。

e. 涂料施工尽量使用吊篮施工，三色压平喷涂工艺讲究施工人员之间的配合，主色和辅色的用量按照提供的施工工艺和实际的现场用量配比可以进行微调，但是要确保整体用量达到标准，确保材料的使用寿命。

f. 三色真石漆压平，建议使用品质好的隔离剂，普通材料可能会和真石漆或者面漆起反应，影响完成的效果。

5. 弹性涂料面层（水溶性乳胶漆）

（1）施工条件：

1）施工条件见表 3-12。

表 3-12　弹性涂料面层的施工条件

项目	条件
温度	5 ~ 35 ℃
湿度	80% 以下
基面的含水率	砂浆、混凝土面 10% 以下
基面的 pH 值	10 以下

2）基面要求：

①基层抹灰（普通抹灰）的允许偏差和检验方法见表3-13。

表3-13　基层抹灰的允许偏差和检验方法

项次	项目	允许偏差／mm		检验方法
		复层涂料基层	薄层涂料基层	
1	立面垂直度	≤3	≤3	用2m垂直检测尺检查
2	表面平整度	≤3	≤3	用2m垂直检测尺检查
3	阴阳角方正	≤3	≤3	用直角检测尺检查
4	分格条（缝）直线度	≤3	≤3	拉5m线，不足5m拉通线，用钢直尺检查
5	墙裙、勒角上口直线度	≤3	≤3	拉5m线，不足5m拉通线，用钢直尺检查

②为保证基层质量的相关要求：

a. 一般来讲，新的水泥砂浆抹灰基层应养护10天以上，而且前3天的养护非常重要，应保持基层充分湿润保养，让其"吐碱"，并充分干燥，要求含水率小于10%，pH值小于10后方可施工，但实际测定有难度，因此，通常根据经验，在通风透气的情况下，夏天干燥2周以上、冬天干燥4周以上，最佳的情况是基面验收后，拆除脚手养护1～2个月，采用吊篮进行涂装施工。

b. 大面积外墙面宜做分格处理，以防止抹灰基层收缩裂缝和涂装接槎，分格条要求质硬挺拔。外立面粉刷时应按设计要求预留分格线条（结构格或面格），减少应力集中而产生裂缝。

c. 基层必须确保平整、不起粉、无空鼓及裂缝、干燥，对于有起砂、裂缝、疏松、缺棱掉角的情况，

要进行处理，验收合格后方能施工。

d. 外墙转角及门窗洞口做1∶2水泥砂浆护角线。

e. 基层水泥砂浆施工前应采取在混凝土墙面涂刷界面剂，在砖墙与混凝土柱墙面交接处布上钢丝网片等措施避免粉刷层与基层空鼓、开裂，水泥砂浆要求垂直平整。

f. GRC或石膏装饰线条需安装平直且牢固，在安装时线条与线条接缝处预留8mm宽缝，用聚合物水泥腻子把缝填满且平整，线条与线条接缝处用网格绷带粘帖牢固，并用聚合物水泥腻子批嵌平整，打磨平整。

g. 分格缝线条、窗台线条、踢脚线等要笔直，阴阳角要平直，立面垂直，缺口要修补完整。

③基层处理和检查：

a. 外窗台抹灰面层两侧做挡水端、檐口、窗台底部必须做滴水线、断水槽，女儿墙顶部、阳台栏板顶部抹灰面的泛水应向内侧，窗台面泛水向外侧，坡度按设计要求，以 3% 为宜。

b. 对于合成树脂乳液外墙涂料，基层应满批 1～2 遍聚合物水泥腻子并磨平，对于合成树脂乳液砂壁状涂料及复层建筑涂料，只需用聚合物水泥腻子填补缝隙、局部刮腻子找平、磨平即可。外墙腻子要求具有较高的强度、黏结性、耐候性、耐水性、低碱度。为减少裂缝，腻子通常不超过 2mm 厚，采用弹性腻子。

c. 涂料施工前应对基层的状况如平整度、强度、裂缝、粗糙度、含水率、碱性等质量指标进行验收，并做记录，对于不符合要求的应事先修补处理，并按规定养护，使其符合验收要求后涂料方可施工。

d. 墙面上各种构件、预埋件、水暖设施等应按设计要求及早安装定位，外露钢铁件须做好防锈处理。

e. 施工面平滑、清洁、无杂物等附着物，并用刷子将附着在基面的杂物、土砂、灰尘等除去，对未进行基面清洁的，坚决不允许批腻子或下道工序。

（2）薄层外墙涂料的施工工艺（弹性乳胶漆涂料）：

①填补缝隙，局部刮腻子。首先用腻子修补裂缝、空洞、砂眼，再用靠尺检查平整度较差部位，用腻子做局部整平，使此处平整度与大面基本一致。

②磨平。要求把局部刮腻子的部位及与墙面连接部位打磨平整，使经过找平的墙面无明显抹纹。

③腻子。第一遍满刮基层腻子，第二遍满刮面层腻子，严格认真处理分割缝、门、窗边、滴水线等细部位置，并对不平的部位进行点补找平。保持两道腻子之间的间隔时间，使腻子充分干燥。

④磨平。要求把阴阳角部位打磨顺直、方正，墙面部分把抹纹打磨平，对质量达不到要求的，需修补，验收合格后方可进行下道工序。腻子验收标准参照涂料完成后的验收标准。

⑤第一遍为抗碱底漆。底漆用中毛辊筒涂刷，要求涂刷均匀，无漏刷，无流坠。底漆为无色透明液体，所以要求施工特别细心，绝对不可以漏刷。待质量验收合格后才能刷面漆。

⑥第一遍面漆。中毛辊筒滚涂，细部用小辊筒或毛刷，要求均匀。无明显透底、咬色、流坠、颗粒，颜色需一致。所有的工人操作手法必须保持一致。待质量验收合格后才能刷第二遍面漆。

⑦第二遍面漆。在第一遍面漆干燥 6～8 小时后，开始滚涂，面漆的滚涂要根据设计要求的花式选择专用辊筒滚涂，面层涂料要求均匀、无透底、无流坠、无涂痕、无色差。虽然乳胶漆可以采用刷涂、滚涂和喷涂等涂装方法，但大部分还是采用辊筒滚涂和刷涂相结合的方法涂装。这样的涂刷方法完全是针对乳胶漆的涂装特点而进行的，具有高效、快速的特点。涂料分段涂装时

应以分格缝、墙角的阴角或落水管等为分界线，同一墙面应使用同一批号的乳胶漆；每道乳胶漆不宜涂装过厚，应保证涂层均匀、颜色一致。由于乳胶漆干燥较快，每个刷涂面应尽量一次完成，否则易产生接痕。

⑧按设计要求的材料与色彩对分格缝进行勾缝，修饰。

（3）复层外墙涂料的施工工艺（合成树脂乳液砂壁状涂料使用较少不做介绍）：

①填补缝隙，局部刮腻子。首先用腻子修补裂缝、空洞、砂眼，再用靠尺检查平整度较差部位，用腻子做局部整平，使此处平整度与大面基本一致。

②磨平。要求把局部刮腻子的部位及与墙面连接部位打磨平整，使经过找平的墙面无明显抹纹。

③第一遍为抗碱底漆。底漆用中毛辊筒涂刷，要求涂刷均匀，无漏刷，无流坠。底漆为无色透明液体，所以要求施工特别细心，绝对不可以漏刷。待质量验收合格后才能刷面漆。

④涂中层涂料。复层建筑涂料的中层有的需要喷涂（即浮雕涂料），做法与真石漆涂料的中层施工相同，有的需辊涂（即拉毛涂料），有的需喷或刮后压涂（即压花涂料）。喷涂浮雕骨料，要求喷涂均匀，弹点大小与疏密程度均匀一致，不能连成片状辊涂现象，根据设计要求决定是否需要压平，若需压平，则要在骨料表干后立即采用平辊筒蘸水或汽油轻轻压花纹使之成扁平状，

辊压应用力均匀一致，方向应同向。拉毛涂料应根据要求的花型合理选择拉毛辊筒进行中涂造型，最好一次性成型，避免反复多次拉，否则虽感觉整体均匀了，但毛头会变得很尖，达不到预期的拉毛效果。拉毛的实际效果受辊筒花纹大小、涂料黏度、墙体粗糙度、施工环境及施工道数的影响。

⑤涂饰面层涂料。具体做法及要求同薄层第二层面漆的做法及要求。

⑥按设计要求的材料与色彩对分格缝进行勾缝，修饰。

（4）滚筒工具的使用要领和保养：

①短毛滚筒在不用时，应泡在材料内不让它接触空气，否则滚筒会硬化，无法继续使用。每天工作完成时，一定要把辊筒彻底洗净。

②轴处要注意不要被材料粘死，否则滚筒不能很好地转动，无法理想地工作。

③涂布要领：手和肩尽量不用力，以小指、无名指、中指握住辊筒柄，再加上食指，以拇指从上轻按，使辊筒垂直涂面，轻轻滚转。

④遵守先上后下、先左后右、先边角后大面的原则。调整涂料含量，轻轻抵着涂面由下而上，由上而下反复分配涂料，然后使滚筒上下笔直旋转。在滚涂施工时，滚涂时要向上用力、向下时轻轻回荡，速度不宜过快，否则容易造成流淌或溅到施工人员身上。

⑤涂布时，大约在辊筒长度3～4倍范围内较轻的接触，将涂料涂布在被涂物上。涂面时起初用较轻的力量逐渐加力使涂料均匀地涂出。

⑥若一次涂大的面积，则涂膜交合处会形成辊筒痕，故要使辊筒宽度的1/3重叠，以50～60 cm为基准进行涂装，狭窄处用小滚筒。

⑦施工大墙面时，应按设计要求的分格缝位置来划分施工区块，先用胶纸做好分格缝上下的保护措施，涂布时，用竹竿加长滚筒，由每施工区块最高处一次性滚到每施工区块的最低处。

⑧喷涂时离开施工墙面30 cm左右，自上而下或自左至右均匀喷涂；施工过程中，必须不定时地清理喷枪喷嘴，以确保施工质量。

（5）施工注意事项：

1）气象的影响：禁止在气温5℃以下和下雨、下雪之前、之后施工；早晚和中午的温差太大时，以及夜间冷透了而到了中午也没有暖过来的壁面也不允许施工；当预测到夜间气温将会降到5℃以下，应在白天尽早结束施工，以便留出充分的干燥时间。

2）风的影响：当风速（对于风速，可以通过天气预报了解，也可以采用专用风速仪测定）达到5 m/s以上时应停止施工；在低温天气施工时，风会使墙面的温度比气温更低，为避免风带来的影响，应采取篷布遮盖措施。

3）雨的影响：天气预报12小时以内有雨，应停止施工，雨后连续晴天干燥2天以上，方可施工；另外每天最佳施工时间为上午9：00—下午17：00，其他时间将会因墙面吸潮而在一定程度上影响施工效果。绝对不能在含水率超过规定标准的基面上施工，否则会引起涂膜剥离。

4）结露的影响：对于早晨表面有结露的基面，待基面完全干燥之后再进行施工。

5）湿度的影响：湿度超过80%时应停止施工。

6）涂料施工前应控制好涂料的黏度，不得任意加水，按照产品说明进行黏度的调节。

7）涂刷前应清理窗口及周边环境，防尘土污染，涂料未干前不得清理周围环境。

8）涂料应贮存在5～40℃的阴凉干燥且通风的环境内，并且按品种、批号、颜色分别堆放，不得使用过期产品；冬季不宜使用夏季生产的涂料，因为夏季生产的产品成膜助剂参量少，在冬季低温下易导致开裂。

施工技巧

1. 大部分的材料均为双组分组成，必须按说明书用台秤或量具准确分出比例值，杜绝因比例不当发生质量问题。

2. 脚手架、吊篮与墙面的距离要适当，标准距离40～50 cm。

3. 保护工作。保护物尽量贴正，贴严密，万一涂到不应涂的部位，要立即擦掉。

4. 正式施工之前，一定要在其他板上试涂，经确认涂装效果之后再进入正式涂装。

5. 正确地隔开各道工序之间的间隔时间，否则会引起涂膜附着力不强或剥离、隆起、掉皮。

6. 工序交接及撤架或移吊篮前一定要细心地检查各部位，必要时必须进行修补。

（6）涂料施工常见问题与原因：

1）储存病变。涂料过期、高温下储存、稀释不当或使用不合适的稀释材料产生涂料沉淀；容器密封不足、储存温度过高或涂料本身成分有问题产生结皮；涂料菌变，黏度降低。出现上述情况，涂料不得使用。

2）施工过程的病变及处理：

①慢干或回粘。

涂料漆膜超过规定时间仍未干，称为慢干，若漆膜已形成，但仍有粘指现象，称为回粘。主要原因：刷涂的膜太厚；前遍漆尚未干透又刷涂第二遍漆；催干剂使用不当；基层表面未完全干燥。

处理方法：对轻微的慢干和回粘，可加通风，适当提高温度；慢干或回粘较严重的漆，要用强溶剂洗净，重新刷涂。

②粉化。

涂料涂刷后漆膜变成粉状，主要原因：涂料树脂的耐候性差；涂刷时温度过低，导致成膜不好；涂刷时涂料掺水太多。

解决办法：先将粉化物清理干净，然后用性能好的封墙底漆打底，最后涂刷两道耐候性较好的外墙涂料。

③变色和褪色。

主要原因：底材中湿度过高，水溶性盐结晶在墙的表面造成变色及褪色；基底材料有碱性，侵害了抗碱性弱的颜料或树脂；气候恶劣；涂料选材不当。

解决办法：可先将出现问题的表面擦去或铲去，让水泥完全风干，然后加涂一层水性封墙底漆。

④起皮和剥落。

由于基底材料湿度太高，表面处理不干净，加上刷涂方法不正确或使用劣质底漆，会造成漆膜脱离基层表面。

解决办法：应先检查墙体是否渗漏，若有渗漏，应先解决渗漏问题，然后将脱落的漆及松动物质剥除，在有毛病的表面补上耐久性强的腻子，再用封墙底漆打底。

⑤起泡。

漆膜干透后，表面出现大小不同凸起的泡点，用手压，感到有轻微弹性。主要原因：基层潮湿，水分蒸发引起漆膜起泡；喷涂时，压缩空气中有水蒸气，与涂料混在一起；底漆未干透，遇到雨水又涂刷面漆，当底漆干结时，产生气体将面漆顶起。

处置方法：轻微的漆膜起泡，可待漆膜干透后用水砂纸打磨平整，再补面漆；较严重的漆膜起泡，须将漆膜铲除干净，待基层干透，针对起泡原因进行处理，然后再重新涂刷。

⑥流挂。

漆从墙面上流挂或滴下来，形成眼泪状或波纹状的外观，俗称滴眼泪。主要原因：漆膜一次涂刷过厚；稀释比太高。

解决方法：多次涂覆，每次涂层要求薄而均匀；按产品说明书要求稀释。

⑦起皱纹、起层。

漆膜形成起伏的皱纹，起层又称咬底。产生原因是：漆膜过厚，表面收缩；涂第二层漆时，一层还未干透；干燥时温度太高。

预防措施：应避免涂得太厚，刷涂应均匀。刷涂两漆间隔时间一定要足够，要保证待第一层漆膜完全干透后再涂第二道。

（7）外墙涂料的验收标准：

涂料工程应待涂层完全干燥后方可进行验收，验收时，应检查所用材料的型号、材料合格证、基层验收资料。颜色应符合设计或用户选定颜色的要求，同一墙面色泽均匀，不得露涂，不得弄脏。同一墙面的涂料接槎处，不宜出现明显接痕。具体的验收标准见表3-14、表3-15。

表3-14　外墙涂料完成后的观感质量标准和检验方法

项次	项目	验收标准	检验方法
1	颜色	均匀一致	观察
2	泛碱、咬色	不允许	
3	流坠、疙瘩	不允许	
4	砂眼、刷纹	无砂眼、无刷纹	

注：涂料工程应待涂层完全干燥后方可进行验收。验收时，应检查所用材料的型号、材料合格证、基层验收资料。

表3-15　外墙涂料完成后的实测验收标准

项次	项目	验收标准允许偏差／mm		检验方法
		复层涂料	薄层涂料	
1	立面垂直度	≤ 3	≤ 2	用2 m垂直检测尺检查
2	表面平整度	≤ 3	≤ 2	用2 m垂直检测尺检查
3	阴阳角方正	≤ 2	≤ 2	用直角检测尺检查
4	装饰线、分色线直线度	≤ 2	≤ 1	拉5 m线，不足5 m拉通线，用钢直尺检查

6. 木饰面层

（1）工艺流程：材料验收→油底漆→找线定位→龙骨配制与安装→钉装木装饰板→二次油漆→清理、保护。

（2）施工准备：

1）材料要求：

木材的树种、材质等级、规格应符合设计图纸要求和有关施工及验收规范的规定。

2）辅料：

油漆：一般选用油性防腐漆，用于涂在木材表面。

钉子：采用不锈钢钉，根据设计要求选用平头钉、圆头钉，长度应比木板厚度长2～3 cm。

作业条件

1. 安装木饰面处的结构面或基层面已施工完成，且已预埋好木砖或铁件。

2. 木饰面板龙骨应在安装前将铺面板面刨平，其余三面刷防腐剂，四面刷防火涂料三遍。

（3）操作工艺：

1）材料验收：

①木材不得有腐朽、超断面 1/3 的节疤，壁裂、变色等疵病，并要求木材平直，不得有扭曲、弯折现象。

②木材表面要求纹理顺直、颜色均匀、花纹近似。

③进场材料必须经过厂家防腐处理，并经烘箱烘干处理，含水率不超过 12%。

④材料厚薄符合设计要求，误差在 ±2 mm 内。

2）油底漆：先用湿布、毛巾类将木材表面的灰尘、污渍清洗干净堆放整齐，待表面干燥后，用木材专业饰面漆（油性）将木材六面均匀涂上两遍，然后将木材分开晾干，注意油漆未干燥前不得污染表面。将底漆油好的木材整齐、分层错开放置。

3）找定位：应根据设计图要求，先找好原点、平面位置、竖向尺寸，进行弹线。

4）龙骨安装：根据图纸设计要求，确定龙骨的间距，用不锈钢螺栓将龙骨同墙面上的埋件固定，注意龙骨每米内至少有一个同墙面固定点。龙骨安装应平直，否则导致木面板高低不平和饰面螺丝表面不能成为直线，影响视觉效果。

5）木面板安装：

①饰面板安装前，对龙骨位置、平直度、钉设牢固情况进行检查，合格后才安装。

②饰面板配好后进行试装，面板尺寸、接缝、接头处构造完全合适，木纹方向、颜色的观感尚可的情况下，才能进行正式安装。

③饰面板接头部位，应做成 45°角使两块板相互咬合，并涂胶让其黏合，然后钉不锈钢钉将其固定在龙骨上，钉长比面板厚度长 2～3 cm，一般选用平头钉，钉好后用原子灰将钉眼刮平涂上油漆，使钉眼尽量隐蔽。注意在木材接头处要用砂纸将木材的毛刺打磨干净。

④在安装过程中，若发现有稍微不平整，应用垫片将其垫平后再用螺栓吃紧。

（4）质量标准：

1）主控项目：

①材料的品种、材质等级、含水率和防腐、防火措施，必须符合设计要求和施工及验收规范的规定。

②木制品与基层或木砖镶钉必须牢固，无松动。

2）一般项目：

①制作：尺寸正确，表面平直光滑，棱角方正，线条顺直，不露钉帽，无戗槎、刨痕、毛刺和槌印。

②安装：位置正确，割角整齐、交圈，接缝严密，平直通顺，与墙面紧贴，出墙尺寸一致。

7. 铝板面层

（1）工艺流程：埋件→测量放线→金属骨架焊接→绘制铝板加工图纸→铝板安装→封缝注胶→清洗、保护。

（2）施工准备：

1）材料要求：

①铝板：厂方加工完成后的铝板，并要求附有出厂证明和产品合格证等资料。

②电动手枪钻。

③镀锌骨架型材。

2）作业条件：

①墙体施工完毕。

②墙柱面暗装水电管线安装完毕，并经检验合格。

③材料已进场、到位。

（3）操作工艺：

1）埋件：

①预置埋件：大面积施工时首先考虑预置埋件。施工时先找出预置埋件，将埋件表面清理干净，如果埋件的位置有偏差，应考虑加固、焊接等，确保主龙骨都能同埋件完全焊接。埋件要求满足国家相关规范。

②后置埋件：只能在小面积施工或预置埋件有较大偏差时采用。应采用厂方预加工好的热镀锌埋件，确定好埋件位置后，先用电槌在墙体上钻孔，将化学锚栓放进打好的孔内，调整好埋件的平整度，放好拧上螺栓。在大面积施工过程中，应预先做好各项检测工作，如检测镀锌埋件厚度、镀锌厚度、化学锚栓等，并做好拉拔实验。

2）测量放线：先将基础墙面用特制大线坠或经纬仪从上至下找出垂直，同时应该考虑铝板同结构面之间的距离。根据图纸要求用水准仪测定水平线并标注在墙上，弹线要从外墙饰面中心向两侧及上下分格，误差要匀开。放线时应将埋件的位置确定好，确定好主龙骨、支架的位置。

3）金属骨架焊接：按照设计要求的规格、型号，参照相关规范进行验收材料，然后从墙体顶端向下吊垂线，先点焊将龙骨固定在埋件上，然后再吊垂线复核尺寸，此时还可以微调，确认无误后，对龙骨进行满焊。龙骨完成后焊支架，支架方钢的中心应同铝板的接缝对齐。钢架焊接完成后，应检查是否已全部满焊，然后将焊渣全部敲除，并用磨光机进行打磨，焊接部位打磨后应呈鱼鳞状。焊接部位打磨完成后，用防锈漆将焊接部位均匀涂上，待防锈漆干燥后，再均匀地涂 1 ~ 2 次，完成后，再用银粉漆喷涂在防锈漆表面 1 ~ 2 次。大面积施工时，应按照相关规范考虑钢材的伸缩缝，一般主龙骨长度在 8 ~ 10 m 左右应断 20 ~ 30 mm 的缝隙。

4）绘制铝板加工图纸：因为铝板的安装对尺寸精度要求非常高，在下料时必须根据现场的尺寸下料，待钢架焊接完成后，在钢架上弹好墨线，计算出每块铝板的尺寸和形状，并做好编号，加工时严格按照料单尺寸加工，如有异型的应考虑好方向等。

5）铝板安装：铝板材料进场后，按施工安装顺序放置，以方便施工。安装过程中，从下向上开始安装，确定好位置后，用铝合金靠尺测量平整度，若发现有不平整部位，应用垫片将其调整好，然后用不锈钢螺钉将铝板固定在骨架方钢上，待墙板安装好后，最后安装顶部的铝板。

6）封缝注胶：根据设计要求如需打胶，先将美纹纸将缝隙两侧贴上，美纹纸贴好后用力扫平，避免有皱纹出现。然后将泡沫条嵌在铝板交接缝隙处，要求泡沫条平直、密实。在打胶过程中按直线走，从上到下，从左到右，注意注胶时胶缝应饱满。胶注完后，用手沾肥皂水轻压胶缝，使胶缝呈微凹形。若设计要求不注胶，应做好缝隙处的密封处理，用透明玻璃胶将接口和螺栓咬合处密封好。

7）清洗、保护：墙面施工完成后，将铝板表面的保护膜清理干净，若有灰尘，应用干净的布料清理干净，以达到美观的效果。施工完成后，做好警示、保护。

（4）质量标准：

1）材料品牌、颜色必须符合设计要求，质量应符合现行有关标准规定。

2）内部骨架型材必须全部热镀锌，焊接部位需二次防锈处理。

3）必须做好密封处理，密封胶应宽窄均匀、饱满。

4）数据要求：相邻两块材料平整度在 1 mm 内，墙体总面平整度在 6 mm 内（高度 10 m 内），缝隙宽度在 1.5 mm 内，从上至下缝隙垂直度在 5 mm 内。

施工小技巧

1. 板面不平整，接缝不直。

产生原因：钢架不平整；铝板自身不平整；安装时未进行微调。

防治措施：确保钢架焊接时达到精准要求；铝板在加工时应找专业的生产厂家，确保加工质量，在放置材料时应平整放置，以免发生变形；在安装过程中，如发现有轻微的不平整，应垫加垫片以达到平整要求。

2. 密封胶开裂、雨水渗漏。

产生原因：注胶部位不洁净；胶缝深度过大；胶在未完全黏结时受到灰尘的污染或损伤。

防治措施：充分清洁板材间缝隙（尤其是黏结面），并加以干燥；在较深的缝隙内填充胶条保证嵌缝深度；注胶后注意养护。

3. 胶缝不均匀、胶线不直。

产生原因：打胶时用力不均匀；胶枪角度不正确；刮胶时不连续，有黏胶现象。

防治措施：连续均匀挤胶，保持正确的角度，将胶注完后，用手沾肥皂水轻压胶缝。

4. 成品污染。

产生原因：铝板安装完成后未保护，发生碰撞等；材料随意堆放，导致发生变形。

防治措施：安装完成后，做好围护，避免遭受破坏；材料进场时应平整放置。

十、木结构工程

（一）防腐木工艺流程

（1）木材进场验收：核对材料的种类、规格和数量，把存在质量缺陷的材料挑选出来。不允许存在腐朽、虫眼、严重扭曲等，若发现问题及时跟相关人员沟通。

（2）放样：放样前，操作人员必须熟悉施工图，放样完成后应进行核对，如发现问题及时跟相关人员沟通。

（3）材料切割：应在放样核对无误后进行，切割需要采用电动工具。材料的切割应按照构件形状选择最合适的方法进行。切割完成后尺寸应符合图纸要求，断面不得有撕裂、裂纹、棱边、夹渣、分层等缺陷。应去除毛刺，进行刨光处理，偏差值为 ±3mm（图3-31）。

（4）第一次打磨：先将木料表面上的污渍和杂物清理干净，注意不要刮出毛刺，然后用专用打磨砂纸顺木纹方向打磨，先磨角线，后磨四口平面。目视大体光滑，无细小毛刺。打磨使木材整体光滑，便于刷油工序的进行，并有利于木油的渗入。

（5）第二次打磨：使用专用打磨砂纸按照第一次的打磨方法进行，手摸顺滑，观感上无明显凹痕。

（6）第一次刷油：用海绵将木材六面刷油，木材表面油漆均匀，且不流不淌。刷油使木油对木材形成整体防护，防止日晒、潮湿等不良条件影响木料使用年限（图3-32、图3-33）。

图3-32　木材表面油漆均匀　　图3-33　木油对木材形成整体防护

图3-31　电动工具切割

（二）木结构工程安装

1. 材料要求

面板：无裂痕，光洁度高，无明显樟节，曲度不大于 3 mm。

龙骨：无裂痕，光洁度高，曲度不大于 3 mm。

2. 工艺要求

（1）龙骨安装前必须弹线放样，严格按照施工图排布。

（2）龙骨安装必须高于基础地面 20 mm 以上，垫不小于 2 mm 厚的塑料或不锈钢垫片，不得直接接触基础地面。

（3）龙骨固定前按放样地面打孔安装弹头，铁钉固定完。

（4）面板安装要求所有不锈钢螺钉成一条直线，每块板中螺钉间距要求一致。

（5）板与板之间缝隙要求控制在 2 ~ 3 mm 以内。

（6）油漆要求三遍。

（7）完工后进行成品保护。

> **注意** | 如果是屋顶花园，以上第（2）、（3）项用混凝土浇筑代替。

3. 安装要求

（1）木地板安装：

①龙骨间距按现场准确排板定具体尺寸，龙骨轴线间距不大于 500 mm。

②平台面板木螺钉固定时先弹线，确保木螺钉纵横向顺直，面板之间需留 2 ~ 3 mm 的缝隙；面板平滑顺直，结构连接牢固。龙骨间距偏差值为 ±10 mm；面板间距偏差值为 ±1 mm。木地板面积超过 1 m^2，需设置两个排水口，排水口在坡度最低点两侧。

③注意事项：木地台以砖礅、方木支撑或混凝土找平基层的，注意控制好间距、标高和水平，木龙骨（间距控制在 45 ~ 60 cm 最好，根据板材厚度定）的锚固稳定可靠，检查几何尺寸无误后，进行台面板铺设（留缝宽窄以 3 ~ 5 mm 为宜）。接着钻孔装钉，不得硬钉进去，收口立板。

（2）廊架安装：

①首先明显放出廊架的定位轴线，按照定位轴线进行施工。

②预留防腐木立柱基坑。

③浇筑混凝土垫层，将木柱放入预留基坑内，校正后用混凝土浇筑固定立柱。

④等混凝土凝固后，依次安装横梁及檩条；廊架顶部梁、柱及檩条结构之间采用局部榫卯及五金件相结合的连接方式（图 3-34）。卡槽宽度比横梁宽度大 4 mm。

⑤计算好木柱构架榫（眼）位置并凿好榫眼，放线挖坑，将木柱埋入（或插入）混凝土中（图 3-35），先安装构架，主梁不得开口，然后安装花架叶片，叶片下方切口，将叶片上扣下安装，用不锈钢螺钉固定，叶片超出梁不小于 25 cm，若有坐凳，再安装坐凳。

图3-34　局部榫卯及五金件相结合

图3-35　凿榫眼后放线挖坑

（3）护栏、扶手安装：用五金件和立柱在地面或墙面固定连接，或者用混凝土浇筑固定。将加工好的护栏用直钉和螺栓与立柱连接，用连接件固定在相应位置后，调节好，并要求牢固，立柱横向偏差和立柱间距偏差 1 m 内控制为 2 mm。

（4）亭子和木屋：

①按其结构首先按图示要求计划各部分的用料材质及规格。

②先制作木柱，计算划好第一道和第二道梁构架的穿榫位置和四角斜梁榫槽位置，并打好榫、槽。

③先打好混凝土基础，再安装立柱，第一道构架和第二道构架连接固定。

④安装顶和四角主斜檩，随即安装四边封檐板，檐板离柱不小于 45 cm（图3-36）。

图 3 - 36　安装顶和四角主斜檩

⑤安装四边的次斜檩条，整个亭子的主骨架基本形成，检查构架的几何尺寸及标高完全符合设计要求后，最后封屋面板，做两层防水处理或加盖屋面瓦。

⑥封外饰面板木结构的支座、支撑连接必须浇筑牢固，无松动，防水处理完善，立柱垂直偏差1m内控制为2mm。采用榫接结构时，用环氧树脂黏结，木板与木板之间的缝隙用密封胶填实（图3-37）。

图3-37　封外饰面板木结构

⑦若有异型或有图案的格栅、角花、坐凳靠背等，先按图放大样，然后加工制作安装。木亭、花架、栏杆的立柱安装时，每个柱脚都必须落地，卡于砖砌体中或埋入（插入）混凝土中，满足木柱的稳定性，底端埋入部分需再次做防腐处理。

注意

1. 安装后打磨：用专用打磨砂纸进行第三次整体打磨，重点打磨第一次刷油不顺滑的部位，如毛刷痕迹、淌油痕迹。做到木结构表面整体光滑，无任何不顺滑的部位。

2. 安装后刷油：刷油前先用潮湿毛巾擦拭一遍，待木料晾干后用海绵蘸木油整体刷一遍，刷的时候动作轻柔，不要刷出痕迹，应光亮顺滑，色泽均匀（图3-38）。

注：若使用菠萝格材料的木结构，在最后还要整体涂刷一遍无色清油封面。

图 3-38　用海绵蘸木油整体刷一遍

（5）架和梁、柱安装的允许偏差和检验方法见表3-16。

表 3-16　架和梁、柱安装的允许偏差和检验方法

序号	项目	允许偏差／mm	检验方法
1	结构中心线距离	±20	钢卷尺量
2	垂直度	±20	吊线量
3	支座轴线对支撑面中心位移	±10	钢卷尺量
4	固定立柱基础顶面标高	在铺装范围内的标高与同垫层完成面一致，在绿化范围的标高控制在150～300mm以内	水准测量
5	木材连接缝隙宽度	≤2	钢卷尺量
6	相邻板材高差	≤2	用钢尺和楔形塞尺检查

（6）防腐木制作安装注意事项见表3-17。

表3-17 防腐木制作安装注意事项

序号	注意事项	标准及要求	误差	备注
1	木材干燥	观察木料表面干燥，手感不潮湿	—	使用含水率过大的木材，施工后会出现较大的变形和开裂
2	木材防腐	所有木材经过高压真空防腐处理，防腐剂符合要求，载药量不小于6.5 kg/m	—	延长木材使用寿命
3	材料外观要求	材料四面见线、四面刨光，不允许存在腐朽、虫眼、严重扭曲等	—	保证木结构外观质量
4	防护油漆	采用专业品牌油漆，应能加强木材原有的特质，具有极佳的附着力，快干、方便涂刷，并能保持木材的纹理特色	—	—
5	材料存放	在通风处存放，应尽可能地避免太阳暴晒	—	防止材料出现较大的变形和开裂
6	材料加工	在施工现场应尽可能使用防腐木材现有尺寸，若需现场加工，应使用相应的防腐剂涂刷所有切口及孔洞	—	防止木材从切口处腐烂
7	木龙骨	进行防腐处理，间距不大于500 mm（按现场准确排版定具体尺寸）	±10 mm	—
8	连接五金件	所有的连接件应使用不锈钢连接件及五金材料	—	防止腐蚀，不能使用未经过抗腐蚀处理的金属件，否则很快就会生锈
9	成品保护	最终封面油漆施工结束后，24小时内严禁人员走动，为防止交叉污染，用塑料布进行防护	—	
10	菠萝格木材	在固定木螺钉前先用直径4 mm的钻头将木材钻透，再用比木螺钉头直径大1～2 mm的钻头冲眼，深度控制在3 mm	冲眼深度±1 mm	材质较硬，防止木材劈裂，确保木螺钉钉完后整体顺直，木螺钉的钉帽掩盖在孔内
11	日常使用	由于户外环境下使用的特殊性，防腐木会出现裂纹、细微变形，属正常现象，并不影响其防腐性能和结构强度。户外防腐木1～1.5年做一次维护，用专用的木材油漆涂刷即可	—	最终封面油漆施工结束后，24小时内严禁人员走动，为防止交叉污染，用塑料布进行防护

十一、水电安装施工工艺

（一）电气方面施工顺序：预留预埋安装配成系统调试

1. 预留预埋

电气照明系统采用PVC阻燃管预埋地下，根据现场施工图及技术核定单确定各灯位接成盒的位置，并在各灯位开挖沟槽，待做完调试验收后，方可隐蔽埋没。

（1）PVC管的切断：根据管子每段所需尺度进行切断，使用钢锯条，切得要整齐，直接锯到底，不能锯一半用手扭断。

（2）PVC管的弯曲：弯管时用相应的弯管弹簧，插入管内需煨弯处，两手握住弯曲处的两端逐渐弯出所需的弯曲半径来，其弯曲半径要大于管直径的6倍。

（3）PVC管采用与配套的成品接头进行连接，在连接管端和套管内均涂专用的胶黏结。

（4）PVC管与箱（盒）后，用锁母固定，多根管进箱（盒）时，排列间距应均匀，各种箱（盒）的敲落孔不被利用的不要破坏。

（5）电气管路埋地穿过路面时要用套管加以保护。

2. 安装、配成

主要包括庭院灯、柱灯、草坪灯、射灯等各种灯具的安装。

（1）庭院灯的安装：根据预留时确定的位置，用细石混凝土浇基座，用D12mm的膨胀栓，四角固定在基座上，连线接通，保护外壳漆不要有操作脱落，各组灯具要安装在同一直线上。

（2）草坪灯安装：铺设电缆电线前检查产品的技术文件是否齐全，型号、规格、长度是否符合要求，附件是否齐全，外观有无损伤，绝缘是否良好，进行潮湿判断或试验，即将电缆纸撕下几条，用火点燃纸带，若纸的表面无白色泡沫出现，就证明绝缘干燥。穿线时要两人操作进行，一个送线，一个拉带线钢丝，不可用力过猛。短距离的穿线可一个人完成，一手送线、一手拉带线钢丝。

3. 调试

照明的调试，包括灯具试亮、电路检验、电动空气开关、整定电调整。

（二）给排水方面施工顺序：预留预埋管道安装调试验收

1. 预留预埋

（1）根据现场施工图纸和技术核定，确定各排水沟、雨水沟的走向、位置。

（2）确定各水箅子、窨井的位置，以及各沟底的标高、坡度。

（3）放线：用白石灰放线确定沟窨度及方向，沟深一般控制在0.8m。坡度按施工图纸要求，坡向排水井方向。

2. 管道安装

（1）给水管道采用PP-R管，热熔连接，遇路面或有重物压过的地方要穿钢管，每个配水点用一只DN25球阀连接给水短管，供各配水点用水。

（2）排水管道除沟槽排水，用PVC110管道连接各水箅子进行雨水排水，安装时坡度准确，各连接头用胶黏结，埋设时不能用重物压扎在管道上。

（3）测试验收：给水管道压力试验，用试压泵给封闭的管网打压，拆除各配水点短管，关闭各配水点的阀门，用泵打压，其强度试压为0.8 MPa，时间为15分钟，严密试验压力为0.4 MPa，时间为1小时。排水管道要灌水，做通球试验，验证各管道连接有没有泄漏的地方，待测试后方能埋设各管道。

管道安装施工工序做法要求及控制标准见表3-18、图3-39。

表3-18　施工工序做法要求及控制标准

项次	施工工序	做法要求	完成目标	控制标准	备注
1	放线，定位	根据设计要求，定位水管掩埋位置	确保放线位置准确，不影响其他项目施工	放线以方便检查、不影响其他管道为目的	相邻或相近管线可使用同一管线
2	挖沟	PP-R给水管	深度低于完成面500 mm	管道周边无带棱石头，挖沟宽度符合管道宽度	如果水管和电管需在同一土沟，管道应分层布置掩埋
		PVC电线管	深度低于完成面300 mm		
		PVC排水管	深度低于完成面400 mm		
3	布管及连接	PP-R给水管	热熔连接方式	热熔连接应确保连接紧密，不堵管，不漏水，流水顺畅。接头内部及管道外部需均匀涂抹PVC胶黏结，确保内外不漏水	竖向管道须做保温处理（塑胶保温管），线管弯头采用冷弯器制作，弧度为直径的5～10倍。
		PVC电线管	PVC胶涂抹均匀黏结		
		PVC排水管	PVC胶涂抹均匀黏结		
4	掩埋及保护	土方掩埋采取分层掩埋，厚度为200 mm一层，分层踩实	踩实完成后需采用水沉后继续填实	排水管坡度控制在3%～5%	—

图 3-39 预留预埋管道安装调试验收过程

注意

阀门选择为铜质活接球阀，球阀使用周期长，便于维修及更换。

水电安装工程工艺要求：

1. 基础开挖深度不小于 400 mm。

2. 基础夯实，要求人踩无明显下陷。

3. 管线预埋前覆砂不小于 50 mm，夯实，要求人踩无明显下陷。

4. 管线预埋要求水电排管一步到位，走直线，直角转弯统一，接头焊接及粘贴必须严实。

5. 管线排布完成后覆砂不小于 80 mm，夯实，要求人踩无明显下陷。

6. 最终覆土夯实，并浇水测验，要求人踩无明显下陷。

7. 预埋完成后，对于出水口及线头做好成品保护，用管盖密封。

（三）给水路安装注意事项

（1）水路安装前首先找到花园出水口位置，只有两种情况：

①室内出水，此时强烈建议室内部分安装一个水路控制阀，可以控制花园所有水路，室外部分也同时安装一个水路控制总阀，可以控制花园总开关。

②给水井出水，首先安装一个水路控制总阀，并且安装泄水阀，方便花园水路泄水。

（2）水路泄水：给水管路埋深统一标准为正负零以下50 cm，并且设计出水路泄水最低点一到多处，与最近排水井相连，泄水泄到排水井处。

（3）冬季泄水：冬季管路中不能存留水，11月15日之前需做排水处理，以防冻裂水管。室内通往屋外的时候要安装水阀。

（4）水路安装步骤：

第一步：确定给水点和排水点点位（图3-40）。

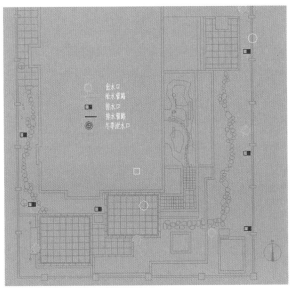

图3-40　确定给水点和排水点点位

第二步：确定管路走向，埋管焊接（图3-41）。

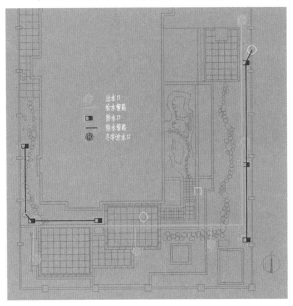

图3-41　确定管路走向

第三步：寻找合适的点位安装冬季泄水阀（图3-42）。

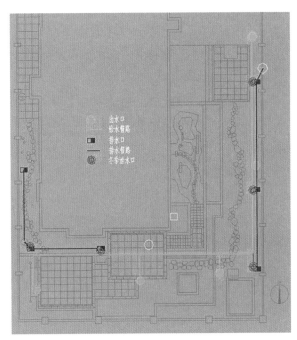

图3-42　寻找合适的点位安装冬季泄水阀

第四步：所有水管安装好后进行打压测试，保证无漏点后埋管（图3-43）。

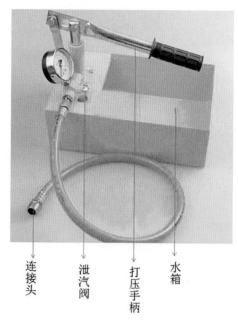

连接头　泄汽阀　打压手柄　水箱

图3-43 事先调好试压泵

（5）水路连接好后要进行打压测试，安装好试压泵以后水管试压流程如下：

①把冷、热水管用一根软管连接在一起。

②试压泵上软管连接任何一个带内螺纹的出水口（螺纹之间需要用生料带）。

③打开总阀，打开试压泵泄气阀，使水灌满水管，泄气阀处有水溢出后关闭泄气阀，此时压力表指针会上升到0.3的位置。

④关闭总阀，向试压泵水箱注入清水，然后上下移动压力泵手柄，开始打压。

⑤当指针在0.9～1.2的范围时，停止打压，保持压力杆压下的状态10～30分钟，压力表刻度下降幅度不大于0.1，即说明水管无漏水点，水管是没有问题的。

注：给暖气、地暖等打压时，需要另外配置25.4 mm×12.7 mm分补芯一只。

> **注意**　给水管道的安装，按图示部位放线，穿越地下部位应提前埋置，绿化位置可随时埋置，先挖沟30 cm深，后铺设管道，若遇高低错落转弯处，应设置弯头，顺一方向进行安装，安装完后进行通水试验，检查各阀及管道，应无渗水，最后进行 填管沟。安装假山、跌水、喷嘴给水管道，在砌筑、垒砌主体时应提前预埋到位，注意不要裸露在外。施工顺序：放线→沟→管道安装→通水试验→检查→埋管。

（四）排水工程

排水管道的安装，按设计图示或绕道进入下水管井内，排水坡度以把水排净为宜，排水管井的大小、深度按图示施工，内壁抹灰并加混凝土板井盖，排水管道安装完工后，进行通水试验，达到排水通畅，深度大于 40 cm。水池、溪流排水入口应做小沉水井并加地漏盖的排水口；排水阀设置在下水管井内。

施工顺序：放线 → 挖沟、井 → 管、阀安装 → 通水试验→检查→埋管。

（五）电线路安装

1. 单相电路安装

单相电线路安装，按设计图示位置先放线，挖沟（草坪区域）深度 30 cm 以下，检查无误后埋置合格的导管、穿线，若有不方便后穿线的部位，可将线穿入导管内同时埋入，导管内的电线不应有接头以便维修，末端线头留足长度以便进入接线盒。 开关安于地面 100 ~ 110 cm 高的地方，户外插座应安防水盒。

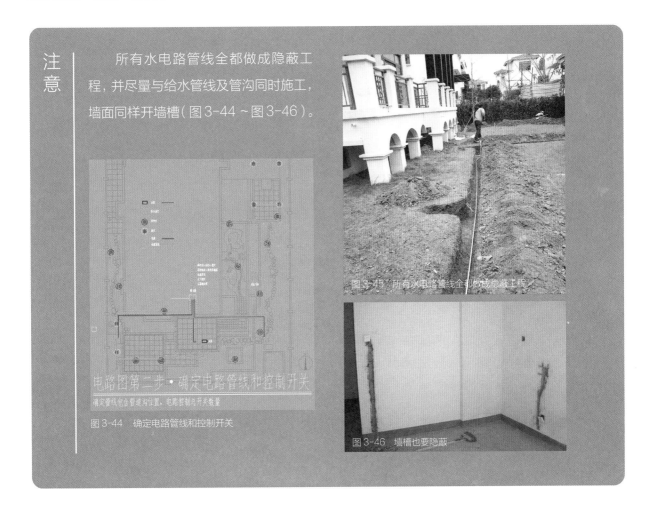

注意　所有水电路管线全都做成隐蔽工程，并尽量与给水管线及管沟同时施工，墙面同样开墙槽（图3-44～图3-46）。

图 3-44　确定电路管线和控制开关

图 3-45　所有水电路管线全都做成隐蔽工程

图 3-46　墙槽也要隐蔽

2. 配电箱安装

（1）配电箱（盘）应安装在安全、干燥、易操作的场所。

①安装牢固，垂直度允许偏差值为 1.5/1000，底边距地面为 1.5 m，照明配电板底口距地不得小于 1.8 m。配电箱（盘）配线排列整齐，并绑扎成束，回路编号齐全，标识正确，在活动部位应固定，盘面引出及引进的导线应留有适当余度，以便于检修。导线剥削处不应伤线芯或线芯过长，导线压头应牢固可靠，多股导线不应盘圈压接，应加装压线端子（有压线孔者除外）。配电箱（盘）上的母线其相线应涂颜色标出，A 相（L1）应涂黄色，B 相（L2）应涂绿色，C 相（L3）应涂红色，中性线 N 相应涂淡蓝色，保护地线（PE 线）应涂黄绿相间双色。配电箱（盘）上电具、仪表应牢固、平正、整洁、间距均匀、铜端子无松动、启闭灵活、零部件齐全。配电箱（盘）的盘面上安装的各种刀闸及自动开关等，当处于断路状态时，刀片可动部分均不应带电。

②绝缘摇测：配电箱（盘）全部电器安装完毕后，用 500 V 兆欧表对线路进行绝缘摇测，绝缘电阻值必须大于 0.5 MΩ，摇测项目包括相线与相线之间、根线与中性线之间、根线与保护地线之间、中性线与保护地线之间。两人进行摇测，同时做好记录，作为技术资料存档。

③配电箱、柜安装前应对箱体进行检查，箱体应有一定的机械强度，周边平整、无损伤，油漆无脱落，箱内元件安装牢固，导线排列整齐，压接牢固，并有产品合格证。

④配电箱、柜安装时应对照图纸的系统原理图检查，核对配电箱内电气元件、规格名称是否齐全完好，暗装配电箱应先配合土建预留。在同一建筑物内，同类箱盘的高度应一致，暗埋配电箱下边距地 1.4 m，明装时底边距地 1.2 m，配电柜距地 0.3 m，插座箱距地 0.5 m 明装。所有配电箱、柜距离门框和窗框 500 mm 安装。

⑤暗装配电箱安装时，应预先了解墙面粉刷层厚度，若无法掌握则配电箱外壳露出未粉刷墙面 5 mm，四边要一致，使盘面板紧贴墙面，横平竖直。明装箱采用金属膨胀螺栓固定。

⑥电线管进配电箱开孔要排列整齐，用开孔钻开孔，电管进入箱内要绞丝，并加锁母、护口，箱内排线应整齐绑扎成束，扎带距离相等，保持工艺美观。在活动的部位应该两端固定，盘面孔出线及引进导线应留有适当余量，以便于维修。

⑦配电箱通电试运行：配电箱安装完毕，且各回路的绝缘电阻测试合格后方允许通电试运行。通电后应仔细检查和巡视，检查灯具的控制是否灵活、准确，开关与灯具控制顺序相对应。如果发现问题，必须先断电，然后查找原因进行修复。

（2）配电箱（控制箱）安装及质量要求：

①箱体采用不锈钢，分明装型、暗装型两种（图3-47）。

图3-47　配电箱箱体

②箱内结构及内容：设有总开关、漏电开关，按分路数量设定单路开关数量（图3-48）。

图3-48　配电箱内结构

③电箱安装方式：从主电源引出电路进入电箱，电箱尽量安装到避雨的地方，并且方便主人操作，所有电路室外电盒处应避免雨淋和水泡（图3-49）。

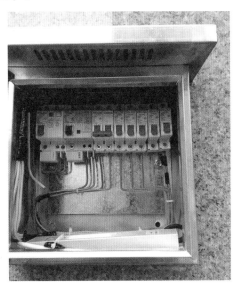

图3-49　电路室外电盒避免雨淋、水泡

④所有室外电线接口处都要封三层绝缘胶布，第一层缠防水绝缘胶布，第二层缠高压绝缘防水胶布，第三层再缠绝缘胶布（图3-50、图3-51）。

图3-50　防水绝缘胶布

图3-51　不同颜色不用种类的绝缘胶布

⑤其他：电路连接好后用摇表进行测试，无问题后方可进行下一步工作（图3-52）。

⑥控制开关安装方式：尽量安装到无雨淋位置，如果安装在花架处，要安装防雨罩，并且用优质透明玻璃胶密封处理，避免雨淋水泡。

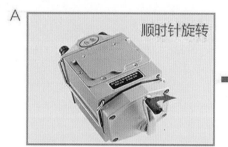
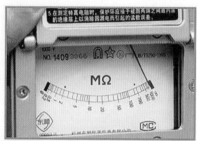
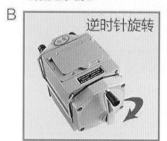
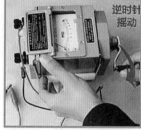
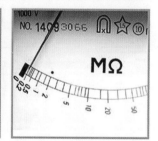

使用前应测试电阻仪表是否正常工作：
（以下在A和B都正常情况下，表示绝缘电阻正常工作，反之则表示绝缘电阻出现故障）

A　顺时针旋转
第一步：在无接线的情况下，可顺时针摇动手柄。
第二步：正常情况下，指针向右滑动，最后停留在"∞"（无穷大）的位置。

B　逆时针旋转　逆时针摇动
第一步：将L与E端两根检测棒短接起来测试。
第二步：逆时针缓慢地转动手柄
第三步：正常情况下，指针向左滑动，最后停留在"O"的位置上

图3-52　测试电阻仪表是否正常工作的步骤

（六）庭院灯安装工艺

1. 水景灯具安装

（1）采用220 V变12 V安全电压，配电内有专用变压器。

（2）灯具电缆连接处采用环氧树脂做防水处理，确保不漏电。

（3）水泵采用交流电压220 V不锈钢立式清水泵，连接方式为活接连接，优点是拆卸更换方便（图3-53）。

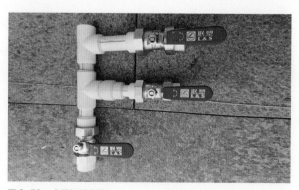

图3-53　水景灯具安装

（4）水下射灯安装：

①水池为内防水，则选择放置灯具，灯具底座要用一个 3 cm 厚石材并用不锈钢螺栓固定，然后自然放置到水中。

②水池为外防水，则选择嵌入式灯具，施工做法与地埋灯相同，先将灯具的 PVC 卡槽固定，然后贴钻，带水泥上好后，再安装灯具灯头。

2. 常规灯具安装方法

（1）庭院灯、草坪灯：采用交流 220 V 灯具，提前将灯具专用预埋件（通常可让灯具供应商根据灯具底座定做）用混凝土固定住，预埋件顶高控制在土平 −150 ～ −300 mm（图 3-54）。

（2）射树灯（地插灯）：电缆连接处施工要求同水下灯要求，电缆埋入地下，隐蔽处理。所有射灯全部变为 24 V 电压，安装方式采用地插式，电路接口处距离要尽量与接口处相邻较近。

（3）壁灯及灯带：安装及电缆连接处首要任务为防水施工，由于灯带两头都比较容易进水，所以在有漏电隐患的地方特别注意两头的防水问题（5050 灯带用户外防水）。

（4）地埋灯：先将石材根据规格要求开孔，铺装时用水泥将灯具的 PVC 卡槽固定，待水泥上好后安装射灯灯头。

图 3-54　草坪、庭院灯的安装

3. 照明设备的选择和安装建议

（1）照明设备主要取决于被照明植物的重要性和要求达到的效果：

①所有灯具必须防水，并能耐除草剂与除虫药水的腐蚀。

②考虑到白天的美观，灯具一般安装在地平面上。

③为了避免灯具影响绿化维护设施工作，尤

其是影响草地的割草工作，应将灯具固定在略高于水平面的混凝土基座上。

④将投光灯安装在灌木丛后，既能消除眩光又不影响白天的外观。

（2）树木的投光照明：

①对必须安装在树上的投光灯，其系在树杈上的安装环应能按照植物的生长规律进行调节。

②在落叶树的主要树枝上，安装一串串低功率的灯泡，可在冬季使用。在夏季，树叶会碰到灯泡被烧伤，对树木不利，也会影响照明效果。

③对一片树木的照明，用几只投光灯，从几个角度照射；对一棵树的照明，用两只投光灯从两个方向照射，成特写镜头；对一排树的照明，用一排投光灯具，按一个照明角度照射；对两排树形成的绿荫走廊的照明，采用两排投光灯相对照射。

（3）花坛的照明：

①由上向下观察的、处在地平面上的花坛，采用麻菇式灯具向下照射。

②因花有各种各样的颜色，应使用显色指数高的光源，如紧凑型荧光灯。

（七）水池建造工艺

1. 钢筋混凝土模板工艺流程步骤详解

（1）水池开挖：根据设计要求定位后，在原有尺寸的基础上四周各扩大 500 mm 开挖挖出泵坑以及需要走的管线沟及控制井，根据土方质量选择是否将挖出的土方当作回填土，水池完成面应符合设计要求。

（2）砌砖模：根据水池要求应先砌砖模，砖模应符合砌砖要求，表面平整，立面垂直，无同缝、错缝。

（3）底面摊铺碎石垫层：摊铺碎石垫层之前应将底面清理干净，夯实，碎石摊铺均匀拍实，碎石粒径为 20～30 mm，铺设厚度为 50 mm，平整度误差值不大于 20 mm。

（4）扎钢筋网：钢筋应根据设计要求进行绑扎，钢筋按尺寸弯出造型做钢筋件，组装铺设尺寸满足设计要求尺寸，钢筋应垂直交叉单层铺设，交叉网格的间距为 150 mm，钢筋采用绑扎搭接方式，钢筋固定牢固，梅花绑扎（图3-55）。

图3-55　钢筋绑扎

（5）预埋水电管：穿线管跟水管按要求布线，确保管线在混凝土里面。布线合理，接头弯出混凝土面，各管道应分开，严禁并排在一起，以防漏水。

（6）支模板：量好尺寸加工所需要模板，以不浪费材料为基准，先进行立面模板搭设，然后安横木斜木固定立面模板，不松动，沿模板边线相接处贴胶带，确保混凝土浇筑时不从缝中溢出，最后进行模板群体固定，所有模板统一固定牢固，不松动。垂直度偏差值为 ±10 mm，平整度偏差值为 ±10 mm，标高偏差值为 ±10 mm（图3-56）。

（7）混凝土浇筑：混凝土严格遵守配比标准，均匀浇筑，用振捣棒振捣，要注意快插慢拔，确保浇筑振捣均匀，混凝土无蜂窝麻面及漏筋，振动均匀，表面平滑，表面平整度偏差值为 ±10 mm。

（8）模板拆除及养护：喷洒水养护，盖无纺布或塑料膜（图3-57）。

图3-56　支模板

图3-57　喷洒水养护

2. 防水工程

（1）SBC 卷材铺设施工工艺标准：

1）工艺流程图：

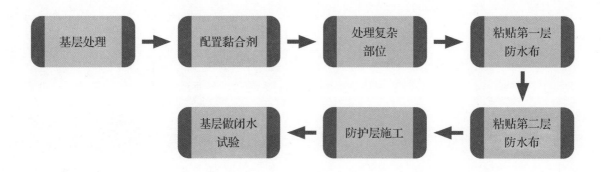

2）工艺流程步骤详解：

①基层处理：清扫垃圾，使基层干净、平整、无杂物，涂刷基层处理剂，增加黏合力。

②配置黏合剂：水泥和专用胶粉搅拌均匀，按胶粉说明的比例配置黏合剂，使防水层充分黏合无空鼓。

③处理复杂部位：结合处做成圆角，再做一层防水层，接缝都错开。加做一层防水，增加抗渗性能、防水性能，防止复杂部位渗漏。新加的防水层宽 300 mm，搭接 60 ~ 80mm，附加层接缝必须与防水层接缝错开 300 mm 以上的距离。管口等细部刷刚性防水涂料不少于两遍，附加层一遍，若空鼓，剪开后填补密实打补丁。

④粘贴第一层防水布：卷材单面涂浆铺贴，铺设卷材排气压实，涂胶厚度要均匀，贴牢，铺设平整，无空鼓。卷材搭接缝宽度：长边与短边均为 200 mm。涂胶厚度为 0.8 ~ 1 mm。立面与平面交界处、立面转弯处基层应做圆弧处理，铺贴卷材。

⑤粘贴第二层防水布：第一层干燥后粘贴第二层，黏合好，无缝隙，不漏水，形成隔水层，黏合好基面，接口密封。第二层与第一层应搭接错缝，整齐铺贴，上下层、相邻两幅卷材的搭接缝以及主防水层与附加层的搭接缝应错开 1/3 幅宽以上且不小于 200 mm。

⑥防护层施工：待防水层表面干燥后，抹灰做防护层。抹灰层应顺滑平整，确保卷材无外漏，保护防水层不被破坏，要采用20 mm厚1∶2.5水泥砂浆做保护层，内设一层尼龙防裂网。有饰面装饰的只做一遍粗拉毛保护层，无饰面装饰则需粗拉毛和细拉毛各一遍（图3-58、图3-59）。

⑦基层做闭水试验：清理杂物，试水浸泡；闭水试验时间为48小时，查看是否漏水，放水6小时待完全吃水后，再固定水位高度在池内壁做好标记，确保不漏水，准确测量水位值。

图3-58　饰面装饰

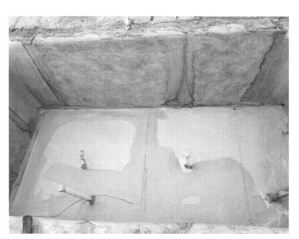

图3-59　抹灰做防护层

注意　在做SBC卷材防水之前，应对转角处、水电管接口处，刷刚性防水涂料（堵漏灵）至少两遍，待凝固后，再开始做SBC卷材防水（图3-60、图3-61）。

图3-60　刚性防水涂料

图3-61　SBC卷材防水

（2）其他防水工艺：

①根据图纸防水层面积购置设计设防要求的防水材质，如聚氨酯911系列防水涂料，清理基层，刮水泥膏，涂料施工时宜使用软刮，刮一遍后铺上玻璃纤维布，用毛刷蘸少许涂料涂刷，待涂料表面干后再进行第二遍、第三遍，地面与壁面阴角部位铺玻璃纤维布，不要在此接头，防水层完成干后，做灌水试验48小时，检查无渗漏后，再及时做砂浆保护面层，以免防水设防层受到破坏。

②施工顺序：基层处理→刮涂料（刷底油）→铺布（烧卷材）→刷2～3遍涂料（根据报价定）→做灌水试验→检查→砂浆保护。

（八）水池水景观和水池过滤系统

多喷头喷泉或者涌泉，需要主管道比分管道大一到两倍的管径，并且每一个管路都需要有一个控制阀门，保证每个喷头水量大小一样。

1. 水景墙壁泉和喷泉系统（图3-62、图3-63）

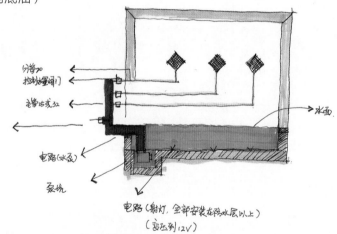

分管为20 mm，每个分管都有一个控制阀门。主管为25 mm或者32 mm，主管道上节泄水阀。水泵的电路在防水内测，水泵要放置在泵坑当中。电路电线和射灯全部安装在防水层以上，并且变压为12 V

图3-62　水景墙壁泉系统指导图

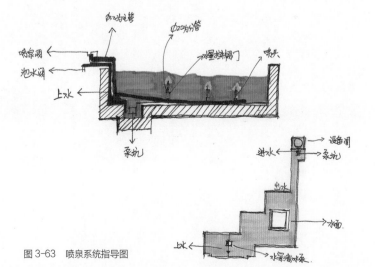

喷泉阀门泄水阀全部安装在容易操作的池壁一侧。主管道为32 mm，分管道为20 mm。每个分管道上要安装一个水阀用于控制水量，阀门上方再安装喷头

图3-63　喷泉系统指导图

注意

1. 一个三出水口的景观墙至少有 3 个控制阀和一个泄水阀。

2. 水池中至少有两个电路，一个是水泵，一个是水下灯，并且在入水前变压到 12 V。

3. 水泵上水和分管路必须分开，主管道 25（32）和分管路 20。

2. 水池过滤系统（图 3-64）

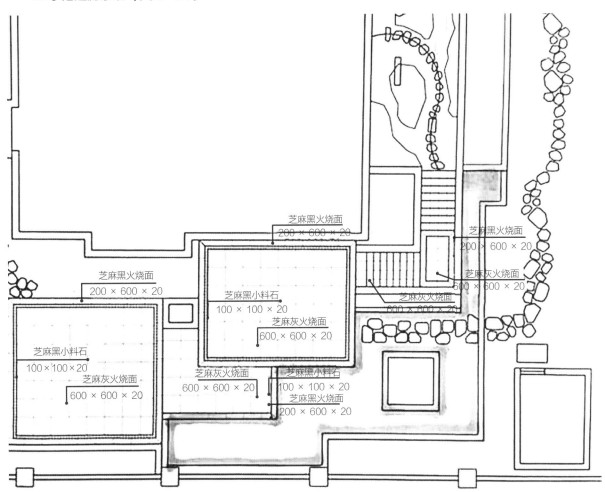

芝麻黑火烧面
200×600×20

芝麻黑火烧面
200×600×20

芝麻黑火烧面
200×600×20

芝麻黑火烧面
200×600×20

芝麻黑小料石
100×100×20

芝麻灰火烧面
600×600×20

芝麻灰火烧面
600×600×20

芝麻灰火烧面
600×600×20

芝麻黑小料石
100×100×20

芝麻灰火烧面
600×600×20

芝麻灰火烧面
600×600×20

芝麻黑小料石
100×100×20

芝麻黑火烧面
200×600×20

图 3-64　需要过滤的水池

过滤系统管路安装线路图，水管为50PVC给水管（图3-65）。

具体的施工安装方式，主要分为进水口、出水口、清洗口（图3-66）。

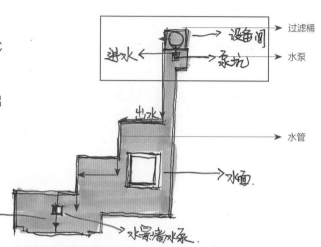

图 3-65　过滤系统管路安装线路

图3-66　具体施工安装方式

（1）任何假山喷泉水池都需要有一个泵坑，完成后泵坑大小为30 cm×30 cm×30 cm或者40 cm×40 cm×40 cm，小型水景使用鱼池水泵，泵坑大小可以为25 cm×25 cm×25 cm（图3-67）。

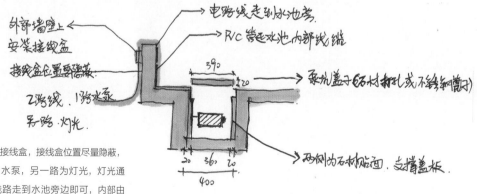

图3-67　外部墙壁上安装接线盒，接线盒位置尽量隐蔽，一般为两路线缆，一路为水泵，另一路为灯光，灯光通常要变压为12 V。电缆线路走到水池旁边即可，内部由PVC套管穿线。泵坑盖子用石材打孔或者使用不锈钢篦子，泵坑两层为石材贴面，用于支撑盖板

（2）水幕墙：首先要做一个不锈钢槽，然后在管道上打孔，孔径计算方式、开孔数量、表面积同管径内壁（图3-68）。

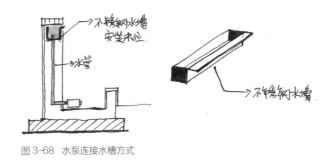

图3-68　水泵连接水槽方式

（3）水簸箕：同样定制不锈钢水槽，与水幕墙的区别就是出水口的出檐口更长（图3-69）。

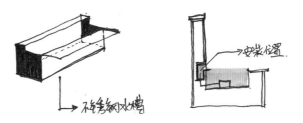

图3-69　水簸箕不锈钢水槽出水口的出檐口更长

（4）水池泄水（换水管路）：为上方水景墙或喷泉池水路接法（图3-70）。

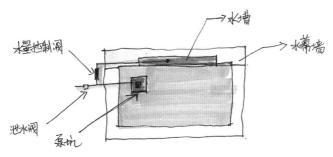

图3-70　上方水景墙或喷泉池水路接法

（九）锦鲤鱼池施工工艺

锦鲤鱼池在施工时，其施工工序和做法要求见表3-19、图3-71、图3-72。

表 3-19   锦鲤鱼池施工工序及要求

序号	施工工序	做法要求	标准控制	备注
1	施工放线	设置好过滤仓的位置，考虑到施工方便，将过滤仓和水池连接成一体为宜。过滤仓最好为方正形状，以便放置滤材、安装仓盖	过滤箱的水面面积为鱼池水面面积的1/3左右，分为5个仓(污水仓、毛刷仓、过滤仓、生化仓、清水仓)	5个仓面积平均分配
2	土方开挖	参照施工标准	水深为 1.6～1.8 m	—
3	预埋管道	底排管、面水管、过滤仓排水管、排污仓排水管，水管需埋至垫层以下。水池内面水管是粘死的，后期接管至水面高度；底排管是粘死的，后期切割至底面一平。污水仓的管口需为连接管件，连接管件上平均为完成面一平，其他过滤仓的管口高度均为完成面一平	底排管道和面水管采用DN110，过滤仓之间的管道采用DN75，排污仓排水管采用DN110	各个仓之间的连通管需要选择PVCφ40～50给水管
4	砌筑砖模	同施工标准	—	—
5	钢筋绑扎	同施工标准	建议采用大一号的钢筋或者双层双向	—
6	其余管道预埋	水池内回水管的高度为水下20 cm，以达到最佳的水面循环和面水回收漂浮物的作用。电路需要至少留三路，水泵、杀菌灯、龟泵（增氧泵）各一路。	清水仓回水管和水泵根据鱼池水方量进行选择，以1小时整体水量循环一次为依据	—
7	支设模板	同施工标准	—	—
8	浇筑混凝土	同施工标准	—	—
9	拆模做防水	同施工标准	建议多做一遍防水，降低风险系数	
10	蓄水试验	同施工标准，同时水内加草酸泡水池24小时以上，以去除水泥的碱性	—	—
11	防水保护层	同施工标准，压光处理，底面的坡度均为流向底排管，且建议考虑将坡度做大	—	—
12	预制过滤仓隔板	各个仓之间采用双层隔板，顺着流水方向。第一块底面同水池底面一平，顶面低于水面20 cm，第二块板的底面留出20 cm的高度，顶面高度高于水面	—	—

续表 3-19

序号	施工工序	做法要求	标准控制	备注
13	制作不锈钢支架	根据过滤仓、生化仓、清水仓的具体尺寸制作不锈钢支架	高度为 20 cm 左右	—
14	安装隔板	用水泥砂浆固定	水平垂直度参照墙面抹灰标准	—
15	放置滤材	毛刷仓放置直径 10 cm 的毛刷，过滤仓放置过滤棉，生化仓放置生化石，清水仓放置细菌屋，杀菌灯放置在清水仓和生化仓的 2 个隔板中间，龟泵可放置在假山后或者清水仓内，曝气管放置在水池内且考虑不影响水面的流动方向	—	—
16	放置插管开关	将污水仓内的管口全部截取一定长度的管子插上	长度为插入后高于水平面 5 ～ 10 cm	—
17	安装面水管及地排盖	面水管加通气帽，帽子中心的高度为水面高度。底排管帽用水泥固定至底排管口上方	—	—
18	试运行	再一次放满水进行试水并试运行，没问题后方可放鱼	—	—

图 3-71　过滤箱各个仓的分布

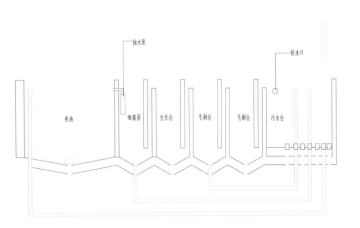

图 3-72　锦鲤鱼池操作系统

十二、绿化工程

土壤是植物赖以生存的基础，土质性状决定了植物生长状况，土壤条件好的地方，植物的成活率高，生长茂盛，绿化效果就会明显。

土方质量一般要求：草坪种植区域要求在 15 cm 内的土壤中不得含有直径大于 2 cm 的石块、杂质等；灌木种植区域要求在 30 cm 内的土壤中不得含有直径大于 4 cm 的石块、杂质等；表层土要求在 120 cm 内的土壤中不得含有直径大于 25 cm 的石块等。土壤以微酸性砂质壤土为佳，若地域自身土壤因素限制而不能满足土质要求，应采取穴土置换以及施有机肥、化学药剂等改良措施。

植物生长的覆土要求：深根系乔木的种植土厚度在 1.5 m 及以上；中根系乔木的种植土厚度在 1 ~ 1.2 m；浅根系乔木的种植土厚度为 0.9 ~ 1 m；大灌木、球类植物土厚度为 0.6 ~ 0.8 m；小灌木植物的种植土厚度为 0.4 ~ 0.5 m；花卉、地被的种植土厚度为 0.3 m；草坪的种植土厚度为 0.2 ~ 0.3 m。

园林地形设计的作用：改善植物种植条件，提供干、湿和水中环境以及阴、阳、缓陡等多样性的环境；利用地形自然排水，形成水面，提供多种园林用途，同时具有灌溉、抗旱作用；创造园林活动项目以及营造建筑所需的各种地形环境；组织园林空间，形成优美园林景观。

园林地形处理原则：结合自然地形，充分体现自然风貌，结合景点的自然地形、地势地貌，体现乡土风貌和地表特征，切实做到顺应自然、返朴归真、就地取材、追求天趣。

①以小见大，适当造景。

地形的高低、大小、比例、尺度、外观形态等方面的变化创造出丰富的地表特征，为景观变化提供了依托的基质。在较大的场景中需要宽阔平坦的绿地、大型草坪或疏林草地，来展现宏伟壮观的场景。在较小范围，可从水平和垂直两维空间打破整齐划一的感觉。通过适当的微地形处理，创造更多的层次和空间，以精、巧形成景观精华。

②因景制宜，融建筑于自然与地形之中。

地形景观必须与景园建筑景观相协调，以消除建筑与环境的界限，协调建筑与周边环境，使建筑、地形与绿化景观融为一体，体现返朴归真、崇尚自然、向往自然的心理。

地形设计小技巧

1. 使用机械进行修建的草坪，在地形设计时应考虑坡度限制，人力剪草机修剪的草坪坡度不应大于 25%。

2. 大高差或大面积填方地段的设计标高，应考虑当地土壤的自然沉降系数。

3. 在无法利用自然排水的低洼地段，应设计地下排水管沟。

4. 对原有管线的覆土不能加高过多，否则造成探井加深，给检修和翻修带来更大困难。

5. 公园内的河、湖最高水位必须保证重要的建筑物、构筑物和主园路不被水淹。

6. 硬底人工水体的近岸 2.0 m 范围内的水深，不得大于 0.3 m，达不到此要求的应设护栏。无护栏的园桥、汀步附近 2.0 m 范围以内的水深不得大于 0.5 m。

（一）乔木种植

<table>
<tr><td rowspan="5">作业条件</td><td>1. 土方回填完成，土坡造型已符合设计要求。</td></tr>
<tr><td>2. 若场地内设计有景石，材料已到位或已堆放完成。</td></tr>
<tr><td>3. 种植用的材料，如水、支撑木、铁丝、吊带、稻草绳、营养土、修枝剪、手锯等已准备好。</td></tr>
<tr><td>4. 设计图纸已得到确认。</td></tr>
<tr><td>5. 苗源已落实。</td></tr>
</table>

1. 工艺流程

熟悉施工现场及图纸→现场放大样→圈地选苗→苗木定位放样→挖洞穴→苗木进场→植物修剪→种植、浇水→卷干→支撑→清理。

（1）熟悉图纸：根据设计图纸，做好前期准备工作，初步判断乔木的种植密度、规格大小能否达到设计效果，种植区域内的林缘线是否顺畅且具有凹凸感和景深感，植物天际线是否流畅，层次是否鲜明、有高低错落感，植物的生长习性是否符合当地土壤、气候等生长条件。根据上述要求做好记录，对不合理之处及时与设计沟通解决。

（2）现场放大样：按照设计图纸要求，在现场用高低、大小不同的竹杆或木棍等模拟乔木的位置，然后插在泥土上做标记，以增强空间感，判断植物的疏密及相互之间的关系，并做好对备选苗木的形态要求。

（3）圈地选苗：对场地内大乔木、亚乔木都要求精挑细选，并附上照片以便现场比对。乔木选择时，一般着重点在于高度、蓬径，对胸径的要求在相差微小时可适当放宽。对乔木的偏冠要求一般在蓬径的 10% 以内。对现场选好的苗木做好标识，并确定苗木进场时间规定运输要求，明确对土球的相关要求等。

<table>
<tr><td rowspan="3">注意</td><td>对土球开挖的要求：</td></tr>
<tr><td>1. 一般乔木对土球的直径要求是胸径的 6 ~ 10 倍，对土球的厚度要求是胸径的 4 ~ 6 倍。</td></tr>
<tr><td>2. 土球挖出后，应用铁铲修圆滑，使底径约为上径的 1/3，并用湿润过的草绳缠好。同时，外部宜以塑料包包裹壤土和砂土，将土球扎紧、包严。
3. 土球的绑扎要求：土球的绑扎一般有橘子式、井字式和五角式，常规用橘子式绑扎最牢固，应用较多。程序为：先用蒲包垫于土球底部，然后用草绳于土球底沿纵向拴连系牢，草绳向上约于球面一半处经树干折回，顺同一方向按一定的间隔缠绕至球满，然后用同一方法绕第二遍即可。</td></tr>
</table>

（4）苗木定位放样：根据圈地选好的苗木形状，在种植现场确认种植位置是否合适，若有相关联的景观元素如景石等，则配合景观元素来确定种植位置。

（5）挖洞穴：确定好种植位置后，即开始挖种植穴，除特大乔木外，种植穴要求挖成圆形，直径比乔木土球直径大 50 ~ 60 cm，深度要比土球深 20 ~ 40 cm。

对种植穴的要求

1. 在种植穴开挖时，要以定好的标记处为圆心向四周开挖。

2. 在种植穴开挖时，要垂直向下挖，严禁挖成上大下小的锅形。

3. 在斜坡开挖种植穴时，要外堆土内削土，坑面要平整。

4. 在开挖大型种植穴时，要求将上部表层土和下层土分开堆放，上层优质土用于回填，劣质土或杂质等外运。

（6）苗木进场：当准备工作完成后，苗木即可进场。进场过程中注意以下事项：

①苗木装车：在乔木土球挖好并绑扎后（土球及树冠均已绑扎），人工将苗木运到运输车辆边，用起吊机或专业工具将乔木吊装上车，严禁人工随意装车，以免破坏土球。每吊装一棵乔木后，用粗的木棍将土球两侧卡住，避免在运输过程中土球发生晃动。在装车时，不得超载，不得将乔木枝干伸出汽车两侧，以免因超宽造成碰撞导致乔木的损伤。

②苗木运输：在装车完成后，用遮阴网、稻草等将乔木土球、树干、树叶等盖住，然后用绳子绑扎好，避免阳光直射造成植物脱水，若围地

离种植现场较近，可不覆盖。

③苗木卸车：在车辆到达现场指定地点后，组织吊机、专业吊装人员及绑带等开始卸车，若有条件，最好直接将乔木吊至种植穴内。在吊装时要求用专业的吊装带，并在绑扎时，用稻草、土工布等软性材料将树干缠绕好再绑绑带，以免损伤树皮。

（7）植物修剪：包含两方面内容，即修剪枝条和树木整形。

①修剪枝条：因乔木在移植过程中，根部遭到严重的损伤，造成乔木水分吸收不及时，不能满足原有枝条及叶片的水分需求，必须除去大部分细小枝条及叶片（小枝条及叶片的水分挥发最多）。

修剪过程中，首先剪去枯死、受损的枝条；第二步因种植要求保留完整树冠，乔木必须全冠种植，为确保成活率可修剪内膛枝；第三步去除当年生嫩枝、嫩叶，因为嫩枝、嫩叶的水分挥发量大，且容易被日光烁伤，须及时去除；最后摘除适当叶片，一般落叶乔木的叶片最多保留 1/3，常绿乔木叶片保留一半左右（桂花、茶花等可保留 2/3 左右），具体可视土球、气候、植物的生长习性等因素确定保留叶片数量。

②树木整形：广卵形、圆形、宝塔形树种在种植时要确保其形状饱满、匀称，若进场的苗木有稍稍的偏冠，就需要通过人工的整形来达到匀称的效果。在修剪时，专业技师可将饱满一侧多修剪些，不饱满侧多保留些枝条来平衡，以达到整体效果匀称。

（8）种植、浇水：种植具体分为两部分，即

准备部分和种植部分。

①准备：

a. 大树绕干：在植物修剪完成后（种植前），用事先准备好的稻草绳将大树的枝干缠绕起来（要求缠绕结实），缠绕稻草绳的高度没有具体的标准，一般大乔木在树高的1/3处，中小型乔木在1/2处。

b. 拌营养土：将场地内的优质种植土同营养土按1∶1的比例均匀拌合，拌匀后放在一旁备用。注意：热带植物种植时，要求用1/3砂土、1/3黄砂、1/3瓜子片来拌合营养土。

c. 去草绳：剪除土球外绑扎的稻草绳，并清理干净，同时修剪掉露出土球外围的根系，对直径大于2 cm的断根进行防腐处理。

d. 根部处理：可将专业的生根粉撒在拌匀的种植土或种植穴内；也可用生根剂涂在土球的侧面和地面，让根部吸收，及早萌发出新的根系。

②种植：

a. 控制植物朝向：将树冠饱满、密实的一侧朝向主观赏面，若有多角度观赏，应整体考虑，将饱满一侧朝向人流多的部位。

b. 埋透气孔：使用直径110的PVC排水管（两侧钻孔），上下用土工布包住埋入土球旁边。根据土球的大小来判定放置透气管的数量，一般是2～4根。

c. 回土夯实：将预先拌好的种植土回填至种植穴内，注意回土时要分层夯实，若土球较大，应分层回填至2/3后及时灌水，将土球浸湿，同时也将土方压实，然后再回填至土层表面。

d. 围堰、浇水：填土完成后，应立即用周边土壤围成水堰便于蓄水，围堰的大小一般比土球直径大40～60 cm，围堰高度一般超过土球面6～10 cm。大树种植完成后，第一次定根水要浇足浇透，然后视天气情况每周浇2～3次水，每次浇水需要将土球全部浸湿，若天气干燥，同时需要每天对叶面进行喷水。

（9）支撑：干径15 cm（含）以上的必须用井字撑，干径10～15 cm的可以用井字或三角撑，干径10 cm以下的用扁担撑，行道树必须全部采用井字撑。支撑木要求用8～15 cm刨皮圆杉木并油漆（墨绿色），特大乔木可选用毛竹支撑或钢丝绳支撑。乔木支撑高度要求：扁担撑统一采用10～12 cm圆杉木，立桩地面高度80 cm，立桩间距一般为1～1.2 m；三角撑统一采用10～12 cm圆杉木，支撑点离地面1.2 m处；井字支撑采用12～15 cm圆杉木，支撑点视乔木大小及植物分枝点的高低确定，一般在2～2.5 m处。支撑木的下脚要求埋入土壤15～20 cm，并在底端放一块石头。

（10）清理：在以上工作完成后，将种植穴周边的枯枝残叶、石块等杂物清理干净，保持现场的整洁。

2. 施工要求及注意事项

（1）支撑木立足点不得在乔木的土球上，在为乔木支撑前，要先检查乔木的形态是否端正、树干是否垂直，否则要进行调整后再开始支撑。同一区域内的乔木支撑高度必须在相同的水平位置上，且支撑的方向和角度尽量保持一致。

（2）在高温季节种植乔木时，应根据情况确定是否需要搭遮阴棚等。在搭设过程中，遮阴网应架空，距离树冠50 cm左右，不得直接贴在树叶及枝条上。

（3）乔木修剪以甲方、设计要求为准，包括修剪时间和修剪形状，不得过分过度修剪。

（4）苗木进场前，要准备好稻草绳、皮管、铁丝、支持杆等物品。

（5）苗木在运输时，不得用油布等不透气的雨布盖住植物。

（6）苗木在吊装时，一定要选用吊带吊装，不得用绳子替代。

（7）修剪乔木时要悬空修剪，避免遗漏压住下面的枝条。

（8）根据植物的生长情况，确定是否需要给大树输营养液。

（二）灌木、球类种植

1. 工艺流程

熟悉施工现场及图纸→现场放线→苗木进场→灌木种植→修剪→浇水→清理。

（1）熟悉图纸：根据设计图纸，做好准备工作，初步判断灌木的种植密度、规格大小能否达到设计要求；判断种植区域内的灌木色彩搭配是否合理，植物叶形对比是否明显，植物配置的层次感是否明显。

（2）现场放线：根据图纸尺寸，若灌木色块要求规则形可借用卷尺拉成规则形放线；若为自然形状，先用石灰点勾出轮廓，然后可以借用电缆线或细麻绳等柔性工具勾成线条，若不满意，可随时调整直至满意后洒石灰线。

（3）苗木进场：因灌木资源丰富，尽量选用本地采购的苗木，可大大缩短从起苗到种植的时间并能提高灌木的成活率。在夏季高温季节种植时，运输过程中必须用遮阴网覆盖表面避免灼伤苗木。

（4）灌木种植：灌木种植以相邻苗木的叶片能搭接为标准，且相邻两排的灌木应按照梅花型种植；种植时要求灌木垂直端正，根部土壤回填密实、牢固，避免因浇水导致灌木倾斜；种植在外围的灌木要求分枝点低、枝条密实，不得出现下部露土、露根等现象；不同品种的灌木，其种植的交接面应稍留空隙（一般在8～10 cm），但要求空隙均匀并同灌木的线形一致，保持线条的流畅。

（5）修剪：一般要求剪除当年生的嫩叶和嫩枝，具体标准视品种而定。修剪完成后，应将灌木上的残叶、断枝清理干净。修剪时灌木的表面应保持整齐、平整，规则形种植的灌木应拉线修剪，确保顶部和外围侧边的整齐。

（6）浇水：第一次定根水应充分浇足浇透，叶面要洒湿，而后视季节、天气等因素考虑浇水次数和浇水量。注意浇水时不得用皮管直接近距离冲向灌木，容易把灌木冲倒，应将皮管内的水压调至合适程度，放在土壤上待地面慢慢泡湿后再将皮管内的水均匀洒于叶面上。

（7）清理：种植完成后，应及时将周边的石块、垃圾及修剪下来的枝条、叶片清扫干净。

作业条件

1. 大、小乔木完成种植和支撑的绑扎固定，且种植效果得到甲方和设计管理方的一致认可。

2. 若场地内设计有景石，已放置完成。

3. 综合管线已安装完成。

4. 设计图纸已得到确认。

5. 苗源已落实。

6. 场地已平整完成，垃圾、石块清理完毕。

7. 需要改良的土壤已按要求完成施工。

2. 施工要求及注意事项

（1）灌木在起苗时，要求带土起苗，并用草绳包扎好。

（2）地形整理要按照雨水井的设置考虑排水。

（3）种植灌木的土壤要用泥炭土进行改良，土壤改良的深度不得小于 10 cm（泥炭与种植土的比例为 3∶5）。

（4）靠近铺装面或草坪的灌木种植要整齐且有层次，层次由铺装面或草坪边向内递增，线形分明成直线或规则式曲线。

（5）灌木土壤要细整，种植灌木后，要及时清理地面垃圾和大的土块，地面不准有直径超过 3 cm 的石块等垃圾。

（6）靠近硬质铺装的灌木完成面土层标高要低于铺装完成面 2 cm，以防止泥土流到硬质铺装

面上，且种植灌木的地面要用泥炭覆盖。

（7）靠近硬质或道路侧石有坡度的灌木带，要求靠近硬质（或侧石）一侧 20 cm 范围内的完成面土层标高低于硬质（或侧石）2 cm。

（8）灌木修剪以甲方、设计要求为准，包括修剪时间和修剪形状，不得过分过度修剪。

（三）草坪种植

1. 工艺流程

翻土、细平→摊铺黄砂→滚筒碾压→铺草坪→浇水→滚筒二次碾压→清理、做好围护。

（1）翻土、细平：在灌木种植、管线敷设完成后，将种植草坪区域表面 30 cm 内的土壤全部翻耕一次，并将土壤敲碎，将准备好的营养土按 1∶1（m² ／袋）的比例倒入土中拌匀，然后用细齿耙耙平，将石块、杂质清理干净，控制土壤颗粒在 1 cm 内。

（2）摊铺黄砂：细平完成后，将中粗砂均匀地摊铺在土层上，控制厚度在 4～5 cm，注意在摊铺黄砂时不得破坏平整好的场地；在铺装地边缘，黄砂铺好后的高度比硬质地面低 2～3 cm。如果自身土壤为砂质土，可取消本步骤。

（3）滚筒碾压：黄砂铺好后，用专业的草坪滚筒将黄砂压实、压平，要求均匀、多次碾压。

（4）铺设草坪：铺设草坪的顺序应由内向外围方向开始铺。铺种时，相邻的两块草坪间保留不超过 1 cm 的缝隙，注意预留的缝隙应错缝预留，边角处可将草坪撕开铺贴，严禁将草坪上下层叠加在一起。铺到灌木边缘时，草坪的边缘

线应同灌木的边界线平行，并保留 10 cm 左右的缝隙。靠近园路边缘时，应选用整块的草坪与原路相平行整齐铺贴，确保草坪铺贴的效果达到整齐、美观。

（5）浇水：在浇水时要用中小量的水长时间浇灌，使草坪与土壤充分湿润，严禁用大量的水直接冲击草坪。在浇水过程中，人站立的部位应用木板垫在脚下；在拉皮管时，应 2 人以上抬起，悬空移动皮管，严禁在草地上直接拖拉。

（6）二次碾压：在完成浇水 5 ~ 6 小时后，直到人踩在草坪上不会塌陷为止，用滚筒在草坪上进行碾压，在碾压时速度不宜过快，每次碾压应重合 15 ~ 20 cm。对滚筒无法到达之处，人工用木板或平板铁锹拍实，使草坪同砂之间充分结合。碾压可进行多次，在每次浇水后一定时间内均可碾压，直至草坪平整为止。

（7）清理、做好围护：在碾压完成后，将多余的草坪或垃圾、稻草等清理干净，并用警示带、警示标语做好围护，严禁人员进入绿化区域。

2. 施工要求及注意事项

（1）在铺种草坪前一天，将翻耕好的种植土洒水湿润，使其得到一定程度的沉降，然后再摊铺黄砂。

（2）草坪与灌木之间要留草坪沟，草坪沟宽 10 cm 左右，并用树皮覆盖。

（3）草坪基层种植土在靠近硬质铺装处的完成面标高要低于硬质铺装完成面 5 cm。

（4）草高超过 7 cm 必须修剪；草坪需根据养护效果进行施肥，打药治虫。

（5）舒适的草坪应平整，坡形自然顺畅，饱满整齐，要有草毯的感觉。

作业条件

1. 大、小乔木完成种植和支撑的绑扎固定，灌木种植完成，整体的绿化配置效果得到甲方和设计管理方的一致认可。

2. 若场地内设计有景石、雕塑等景观小品，已完成摆放。

3. 综合管线已安装完成。

4. 设计图纸及草坪品种已得到确认。

5. 草坪已落实。

6. 场地已平整完成，垃圾、石块清理完毕。

7. 需要改良的土壤已按要求完成施工。

（四）水生植物种植

1. 工艺流程

同灌木种植一致，在此省略。

2. 施工要求及注意事项

（1）对浅水种植的水生植物，一般要求用小卵石将植物根部土壤覆盖，避免因雨水冲刷导致土壤流失及污染水质。

（2）水生植物搭配应丰富，并同岸上的植物有呼应，避免单一种植。

（3）水生植物对水深的要求：

①沿生植物一般要求水深为 1 ~ 10 cm；

②沉水植物一般要求水深在 150 cm 以内；

③挺水植物一般要求水深在 100 cm 以内。

（五）时令花卉种植

1. 工艺流程

翻土、细平→撒营养土→种植时令花卉→浇水→清理、做好围护。

（1）翻土、细平：在完成灌木种植、管线敷设后，将种植时令花卉区域表面 30 cm 内土壤全部翻耕一次，并将土壤敲碎，将准备好的营养土按 1：1（m²/袋）的比例倒入土中拌匀，然后用细齿耙耙平，将石块、杂质清理干净，控制土壤颗粒在 1 cm 内。

（2）种植时令花卉：种植时令花卉时，根据放样的弧线，由内向外围方向开始种植。种植时，相邻的不同草花之间留缝不可过于稀疏，要求无露土现象。时令花卉与灌木边缘衔接时，时令花卉的边缘线应同灌木的边界线相平行，两者之间的缝隙不可出现露土现象。靠近园路边缘时，应选用形态较矮、舒展型的时令花卉，与园路自然衔接，不露土，保持整齐、美观，种植深度与原种植深度一致。

（3）浇水：在浇水时要用细孔喷头长时间浇灌，使时令花卉与土壤充分湿润，严禁用大水量冲击时令花卉；在浇水过程中，人站立的部位应用木板垫在脚下，在拉皮管时，应 2 人以上抬起悬空移动皮管，严禁在花卉上直接拖拉。

（4）清理、做好围护：在完成时令花卉种植后，将多余的花卉或垃圾、稻草等清理干净，并用警示带、警示标语做好围护，严禁人员进入绿化区域。

（六）养护

1. 养护的直观标准

（1）树木长势旺盛。

（2）叶片叶色正常，叶大而肥厚，不黄叶，不焦叶，不卷叶，不落叶，无明显虫屎及虫网，被虫咬食叶片数量每株在 10% 以下。

（3）枝干树干挺直，倾斜度不超过 10%，树干基部无蘗芽滋生，枝干粗壮，无明显枯枝、死桩，基本无蛀干害虫的活卵、活虫，介壳虫在主、侧枝上基本无活虫。

（4）树冠完整美观，分枝点合适，侧枝分布均匀，枝条疏密适当，内膛不乱，通光透光。

（5）行道树分枝点高低、树高、冠幅基本一致，无连续两株缺株，相邻 5 株的高差小于 10%。

（6）花灌木着花率高，开花繁茂，无落花落蕾现象。色块灌木无缺株断行，覆盖度达 100%，色块分明，线条清晰流畅。

（7）绿篱、造型灌木形状轮廓清晰，表面平整、圆滑，不露空缺，不露枝干，不露捆扎物。

（8）藤本长藤分布合理，枝叶覆盖均匀，附着牢固，覆盖度达 85% 以上。

（9）草花生长健壮，花繁叶茂，无残花败叶。花坛整洁美观，四季有花，层次分明，图案清晰，色彩搭配适宜。

（10）草坪生长茂盛，叶色正常，基本无秃斑，无枯草层，无杂草，无病虫害，覆盖度达 98% 以上，留茬高度经常保持在 5 cm 左右。

2. 养护的施工标准

（1）浇水排水：

①原则：浇水应根据不同植物的生物学特性、树龄、季节、土壤干湿程度确定，做到适时、适量、不遗漏。每次浇水要浇足浇透。

②浇水的年限：树木定植后一般乔木需连续浇水 3 年，灌木 5 年。土壤质量差、树木生长不良或遇干旱年份，则应延长浇水年限。

③大树依据具体情况和浇水原则确定。地栽宿根花卉以土壤不干燥为准。喷灌浇水每次开启时间不少于 30 分钟，以地面无径流为准。

④夏季高温季节应在早晨和傍晚进行，冬季宜午后进行。

⑤雨季应注意排涝，及时排出积水。

（2）施肥：

①原则为确保园林植物正常生长发育，要定期对树木、花卉、草坪等进行施肥。施肥应根据植物种类、树龄、立地条件、生长情况及肥料种类等具体情况而定。

②施肥对象：定植 5 年以内的乔灌木、生长不良的树木、木本花卉、草坪及草花。

③施肥分基肥、追肥两类。基肥一般采用有机肥，在植物休眠期内进行；追肥一般采用复合肥，在植物生长期内进行。基肥应充分腐熟后施用，复合肥应溶解后再施用。干施复合肥一定要注意均匀，用量宜少不宜多，施后必须及时、充分浇水，以免伤根伤叶。

④施肥量的控制：施基肥一般用量，乔木不少于 500 g/ 株，色块灌木和绿篱不少于 250 g/ 株，草坪不少于 150 g/m²。施复合肥一般用量，乔木不超过 250 g/ 株，灌木不超过 150 g/ 株，色块灌木和绿篱不超过 30 g/m²，草坪不超过 10g/m²。

（3）修剪：

①修剪应以树种习性、设计意图、养护季节、景观效果为原则，达到均衡树势、调节生长、姿态优美、花繁叶茂的目的。

②修剪包括除芽、去蘖、摘心摘芽、疏枝、短截、整形、更冠等技术。

③养护性修剪分常规修剪和造型（整形）修剪两类。常规修剪以保持自然树型为基本要求，按照"多疏少截"的原则及时剥芽、去蘖、合理短截并疏剪内膛枝、重叠枝、交叉枝、下垂枝、腐枯枝、病虫枝、陡长枝、衰弱枝和损伤枝，保持内膛通风透光，树冠丰满。造型修剪以剪、锯、捆、扎等手段，将树冠整修成特定的形状，达到外形轮廓清晰、树冠表面平整、圆滑、不露空缺、不露枝干、不露捆扎物。

④乔木的修剪一般只进行常规修枝，对主、侧枝尚未定型的树木可采取短截技术逐年形成三级分枝骨架。庭荫树的分枝点应随着树木生长逐步提高，树冠与树干高度的比例应在 7∶3 ～ 6∶4 之间。行道树在同一路段的分枝点高低、树高、冠幅大小应基本一致，上方有架空电力线时，应按电力部门的相关规定及时剪除影响安全的枝条。

⑤灌木的修剪一般以保持其自然姿态，疏剪过密枝条，保持内膛通风透光。对丛生灌木的衰老主枝，应本着"留新去老"的原则培养陡长枝或分期短截老枝进行更新。观花灌木和观花小乔木的修剪应掌握花芽发育规律，对当年新梢上开花的花木应于早春萌发前修剪，短截上年的已花枝条，促使新枝萌发。对当年形成花芽、次年早春开花的花木，应在开花后适度修剪，对着花率低的老枝要进行逐年更新。在多年生枝上开花的花木，应保持培养老枝，剪去过密新枝。

⑥绿篱和造型灌木（含色块灌木）的修剪，一般按造型修剪的方法进行，按照规定的形状和高度修剪。每次修剪应保持形状轮廓线条清晰、表面平整、圆滑。修剪后新梢生长超过 10 cm 时，应进行第二次修剪。若生长过密影响通风透光时，要进行内膛疏剪。当生长高度影响景观效果时要进行强度修剪，强度修剪宜在休眠期进行。

⑦藤本的修剪藤本每年常规修剪一次，每隔 2 ～ 3 年应理藤一次，彻底清理枯死藤蔓、理顺分布方向，使叶幕分布均匀、厚度相等。

⑧草花的修剪要掌握各种花卉的生长开花习性，用剪梢、摘心等方法促使侧芽生长，增多开花枝数。要不断摘除花后残花、黄叶、病虫叶，增强花繁叶茂的观赏效果。

⑨草坪的修剪草坪的修剪高度应保持在 5 cm 左右，当草高超过 8 cm 时必须进行修剪。混播草坪修剪次数不少于 20 次 / 年，结缕草不少于 5 次 / 年。

⑩修剪时间落叶乔木在冬季休眠期进行，常绿乔木在生长期进行。绿篱、造型灌木、色块灌木、

草坪等按养护要求及时进行。

⑪修剪次数乔木不少于 1 次 / 年，绿篱、造型灌木不少于 12 次 / 年，色块灌木不少于 8 次 / 年。

> **注意**
> 1. 修剪的剪口或锯口应平整光滑，不得劈裂，不留短桩。
> 2. 修剪应按技术操作规程的要求进行，须特别注意安全。

（4）病虫害防治：

①要全面贯彻"预防为主，综合防治"的方针，要掌握园林植物病虫害发生规律，在预测、预报的指导下对可能发生的病虫害做好预防。已经发生的病虫害要及时治理、防止蔓延成灾。病虫害发生率应控制在 10% 以下。

②病虫害的药物防治要根据不同的树种、病虫害种类和具体环境条件，正确选用农药种类、剂型、浓度和施用方法，使之既能充分发挥药效，又不产生药害，减少对环境的污染。

③喷药应成雾状，做到由内向外、由上向下、叶面叶背喷药均匀，不留空白。喷药应在无风的晴天进行，阴雨或高温炎热的中午不宜喷药。喷药时要注意行人安全，避开人流高峰时段。喷药后要立即清洗药械，不准乱倒残液。

④对药械难以喷到顶端的高大树木或蛀干害虫，可采用树干注射法防治。

⑤施药要掌握有利时机，害虫在孵化期或幼虫三龄期以前施药最为有效，真菌病害要在孢子萌发期或侵染初期施药。

⑥挖除地下害虫时，深度应在 5 ~ 20 cm 以内，接近树根时不能伤及根系。人工刮除树木枝干上介壳虫等虫体，要彻底清除干净，不得损伤枝条或枝干内皮。刮除树木枝干上的腐烂病害时，要将受害部位全部清除干净，伤口要进行消毒并涂抹保护剂，刮落的虫体和带病的树皮，要及时收集烧毁。

⑦农药要妥善保管。施药人员应注意自身的安全，必须按规定穿戴工作服、工作帽，戴好风镜、口罩、手套及其他防护用具。

⑧一年之中梅雨季节的雨水往往比较多而且过于集中，如果绿地排水不及时容易造成灌木根部积水和烂根的情况出现，一旦雨季过后温度回升会致使霉菌迅速滋生繁衍，此类现象的出现将会导致灌木大面积的遭受病菌感染，如果防治不及时，将会直接影响到灌木的成活率。因此，对于雨季的霉病防治工作是值得引起重视和关注的。霉病的防治工作应该在雨后立即进行，首先需在绿化带积水部位开沟进行积水的排除，其次根据不同的绿地类型对症下药，灌木类应使用立枯净兑恶霉灵采取喷雾打药的方式进行治理，乔木类应在根部树冠的投影部位开孔灌入多菌灵溶液进行消毒防治，完成初步防治后应注意观察植株的变化，并结合具体情况采取进一步的防护措施。

（5）松土、除草：

①松土土壤板结时要及时进行松土，松土深度 5 ~ 10 cm 为宜。草坪应用打孔机松土。

②除草掌握"除早、除小、除了"的原则，随时清除杂草，除草必须连根剔除。绿地内应做到基本无杂草，草坪的纯净度应达到 95% 以上。

（6）补栽：

①保持绿地植物的种植量，缺株断行应适时补栽。补栽应使用同品种、基本同规格的苗木，以保证补栽后的景观效果。

②草坪秃斑应随缺随补，保证草坪的覆盖度和致密度。补草可采用点栽、播种和铺设等不同方法。

（7）支撑、扶正：

①倾斜度超过 10% 的树木，须进行扶正，落叶树在休眠期进行，常绿树在萌芽前进行。扶正前应先疏剪部分枝桠或进行短截，确保扶正树木的成活。

②新栽大树和扶正后的树木应进行支撑。支撑材料在同一路段或区域内应当统一，支撑方式要规范、整齐。支撑着力点应超过树高的 1/2 以上，支撑材料在着力点与树干接触处应铺垫软质材料，以免损伤树皮。每年雨季前要对支撑进行一次全面检查，对松动的支撑要及时加固，对坎入树皮的捆扎物要及时解除。

（8）绿地容貌：

①随时保持绿地清洁、美观。

②及时清运草屑、树枝、死树等施工残留物，现场堆放时间不得超过当天。

③经常冲洗树木枝叶上的积尘，防止堵塞气孔和影响景观效果。行道树每年 10 月 1 日至次年 4 月 1 日保证每周冲洗 1 次以上。

注意

1. 绿化养护的各道工序施工要做到以人为本，安全施工，文明作业。

2. 道路、小区绿化养护施工要统一着安全装，设施工警示语或警示标志，保证施工人员和过往行人的安全。

十三、置石工程

1. 景石的选择要点

（1）选择具有原始意味的石材。如：未经切割过，并显示出风化痕迹的石头；被河流、海洋强烈冲击或侵蚀的石头；生有锈迹或苔藓的岩石。这样的石头能给人平实、沉着的感觉。

（2）最佳的石料颜色是蓝绿色、棕褐色、红色或紫色等柔和的色调。白色缺乏趣味性，金属色彩容易使人分心，应避免使用。

（3）具有动物等象形石头或具有特殊纹理的石头或最为珍贵。

（4）石形选择自然形态，纯粹圆形或方形等集合形状的石头或经过机械打磨的石头均不能用。

（5）造景选石时无论石材的质量高低，石种必须统一，不然会使局部与整体不协调，导致总体效果不伦不类、杂乱不堪。

（6）造景选石无贵贱之分。就地取材，随类赋形，最有特色的石材也最为可取。置石造景不应沽名钓誉或用名贵的奇石生拼硬凑，而应以处自然观察之理组合山石成景才富有自然活力。

2. 置石的放置

应力求平衡稳定，给人以宽松自然的感觉，每一块石头都应埋入水中或土壤中，使其仿佛生长出来似的。若是一块石块只有基部的一角插入土壤里或水中而看起来仿佛就要倾倒，容易产生紧张感，并使整体置石缺乏稳定性，这样处理石块是不合理的。绝对合适的放置是不可能的，只有靠长期积累的经验来认证考虑。

十四、焊工规范标准

（1）电焊工必须取得操作资格证。明火作业时要履行审批手续。

（2）电焊工在工作时必须穿戴规定的劳动保护用品及护目面具，必须使用绝缘垫（或干木板）。

（3）在工作前必须检查电焊机及附属设施安全可靠后，方可使用。

（4）电焊机若发生故障，必须有专业人员进行修理，禁止其他人员擅自拆动。

（5）在工作时，要用遮光屏挡好，以免影响他人工作，工作完毕停送电时，必须戴手套，侧向拉合闸。

（6）禁止带电移动电焊机，严禁焊接带电设备。

（7）电焊工作场地要配备消防设施，电焊机的外壳必须接地良好，其电源的装拆应由电工进行，禁止拆除使用中的电焊接地装置及一切设备的防护装置。

（8）电焊机两次侧必须有空载降压保护器或者触电保护器。

（9）焊钳与把线必须绝缘良好、连接牢固，更换焊条应戴手套。

（10）手把线、地线禁止与钢丝绳接触，不得用钢丝绳或机电设备代替零线；所有地线接头，必须连接牢固。

（11）清除焊渣，采用电弧气割清除时，应戴防护眼镜或面罩，防止铁渣飞溅伤人。

（12）工作结束，应切断电焊机电源，并检查操作地点，主动清扫操作场地，确认无起火危险后，方可离开。

十五、工具存放和现场卫生

1. 工具存放

（1）工具箱避免放在业主房屋通道、有石材铺装的地方。

（2）下班收工后全部收回工具箱，必要时覆盖油布保护。

2. 卫生标准标准

（1）材料整齐（水泥、石材、木材、管线等）：

①放线后规划出最后施工方的场地区域，材料进场放置在最后施工的区域，避开预先施工的区域。

②材料码放整齐，品种分开摆放，个别材料需覆盖保护，如水泥、砂石料、工具、木材、石材、

水电路管件以及垃圾都要确定固定地点分开摆放。

③倒料一次性完成好，避免二次发生，卸材料，考虑到施工使用方便，一次到位，避免二次发生。

（2）每日卫生：

施工过程中卫生：砌筑和贴面过程中，项目施工节点，及时清理水泥，当天务必把外露的水泥砂浆清理干净，比如砌筑墙体后趁水泥湿的时候打扫卫生，贴砖完成后用湿抹布立即将石材表面的水泥清理干净。每日晚间下班前，打扫卫生，工具材料，放回原位，做到每日工完场清。

十六、成品、半成品措施保护

1. 成品保护的范围

成品系列：土方与基础工程、地面园路铺装、亭子、木平台、假山、水池、灯具、墙体、油漆、玻璃、粉刷和及设备等，亦包括已安装好的半成品如钢筋、模板、架子、钢、木、混凝土构件等。

半成品系列：钢、木、陶瓷、混凝土构件制品和已成型加工好的钢筋、模板、砂浆、混凝土等。

2. 成品保护的措施

合理安排施工顺序，按正确的施工流程组织施工，是进行成品保护的有效途径之一。遵循合理的施工顺序，不至于破坏管网和道路、地面。提前保护，包裹、覆盖、局部封闭成品，以防止成品可能发生的损伤、污染和堵塞。

（1）墙体砌筑：在砌筑围护工程中，水电需及时配合预埋管线，以避免后期剔凿对结构质量造成隐患。墙面要随砌随清理，防止砂浆污染，雨季施工时要用塑料布及时覆盖已施工完毕的墙体。

（2）防水工程：

①防水材料进场后及时存入库房立放，防止防水材料损坏。

②防水层施工后应立即进行防水保护层的施工，防水层施工及保护层硬化前禁止码放材料器具。

③防水层做好施工后水泥砂浆层的保护，防止钢筋、木料撞破防水层。

④防水预留边角用塑料布隔离，用水泥砂浆将防水层边角保护抹严，并随时检查，发现有保护层破损的及时修补。

（3）楼梯踏步（楼梯踏步铺贴完成后即时保护）：

①用不小于9 mm厚的板材，订制成七字扣，每边宽度不小于50 mm，长度同踏步长。

②安装时，每条保护扣的固定点设在平面上，共设两点。分别在距离踏步两端各150 mm位置各用水泥钉，将七字扣与踏步面固定。

③每天清扫踏步，保持整洁。

（4）石材、小品运输：

①石材包装时，应分不同铺装区域装箱，尽量保证同一箱内装同一区域石材，以方便拆卸与安装，并在包装箱外粘贴两份拼接安装示意图，直到现场安装。异型或较复杂的铺装，除对每箱标识外，还应对每块石材进行标识。

②板材装箱时石材应光面对光面，中间用橡

皮胶垫隔开，用纸板护角包裹，四角防止崩角，并在木箱的底部衬垫不小于 2 mm 厚橡胶垫，防止石材边直接与木材接触。

③石材的搬卸应尽量采用叉车、吊车卸货，避免搬运过程造成板材的损坏。

④石材进场后应堆放整齐，石材堆放不得与地面直接接触，需用木方垫起或在底部衬垫橡胶垫（薄毯），同时对石材进行编码。

⑤对于现场切割的石材以及涉及二次运输的，需有相应的保护措施，尽量使用平板车拖运。

⑥不得使用腐蚀质溶液，用干净不褪色的抹布或毛巾擦拭干净即可。

（5）石材铺装完成：

为达到石材防护的最佳效果，在石材进场时现场采用措施有：

①用水龙头加板刷，边冲边刷，以保证每块板材的清洁度。

②清洗完后，因施工场地有限，不同的板材用不同的放置方式，以增加受风面积，加快干燥，因天气因素，甚至用取暖器进行烘烤。

③完全晾干后固定人员进行六面防护，且配有专门搬运工，将做完防护石材逐块放至指定地点，且块与块之间用小石子隔开，以加快晾干速度。一般防护做完石材放置时都面层朝下，这样铺装工人可以直接在背面抹黏结层。

④施工完后及时进行成品保护，做到边铺边覆盖。

注意　石材成品保护意识应该贯穿于整个施工过程，包括材料的二次搬运过程的保护。面层完成后严禁早期上人走动，表面可用锯末、细砂、塑料薄膜、彩条布或者土工布等进行覆盖保护。

（6）硬质铺装日常养护要求：

①经常清洁。可以用拖把、布以及清水冲洗。对于有勾缝不到位的地方应加补勾缝剂。难处理部位可以使用软毛刷轻擦。

②对于局部有泛碱的地方，可以尝试使用草酸反复擦拭。如果不能清除，应及时更换，维护一个美观效果。

③局部有破损时应及时修补。

④勾缝处若有脱落，应及时补缝，铺装缝隙应经常刷洗，可以用钢丝刷、清洁球等。

3. 木饰面

（1）木构件的一般处理方法。

①所有木构件均应充分干燥，将含水率控制在使用环境要求的范围内。

②木构件施工前所有木料必须进行防虫处理（主要为刷油漆前喷洒防白蚁药水）。

③室外木构件防护剂宜用加压处理法，对于菠萝格等加压处理防护剂透入度仍难以满足使用要求的硬木，须严格按相关规范进行木料的各个

环节处理。

④常温浸渍等非加压处理法，只能在腐朽和虫害轻微的环境中应用。

⑤木构件的机械加工应在药剂处理前进行。经防腐防虫处理后，应避免切割和钻孔。确有必要进行局部修整时，必须对木材暴露的表面，涂刷足够的同品牌药剂。

⑥长期暴露在潮湿环境中、浸泡在水中或直接埋入土壤中的木构件，施工前应在其表面采用沥青涂刷、碳化等方法进行防潮防腐处理（注意沥青涂刷只能起到防潮作用，防腐必须采取其他措施）。

⑦木构件使用的防护剂，应具有毒杀土腐菌和害虫功能而不致危及人畜和污染环境，并具有较高的抗流失性。

⑧木构件所采用的五金配件采选用铜制或已做防锈处理的热镀锌件等，同时螺栓螺母、钉子孔端头等应用油膏密封。

施工小技巧

1. 室外木地板、地垄等构造应能避免积水，注意在构件之间留有一定空隙（木地板间缝隙宜为 3～5mm），底部应采取排水措施。

2. 室外木构件注意采取必要的通风、防潮措施。

3. 根据装饰要求及材料特性，在施工室外木构件前做必要处理，若木构件为清漆罩面，应在木料加工后及时刷上底漆，避免安装时弄脏木料影响油漆效果。

4. 特别注意检查高空室外木构件安装的牢固性。

5. 木构件施工完毕后，必须及时进行油漆罩面，并对榫头、缝隙等部位进行进一步检查，确保薄弱部位应有的强度。为保证木构件的使用寿命和安全，必须定期对其使用情况和安全状况进行检查。

6. 检查发现腐烂的部位应及时更换。

7. 室外木构件油漆一般不少于一年一次。

---

4. 钢结构

（1）严禁坚硬的物品撞击、敲打、刮划铁艺产品，以免锌层、油漆脱落造成铁艺产品变形，生锈和腐蚀。

（2）严禁硫酸、草酸、食醋、甲碱、肥皂水、盐等附着钢结构产品。若不慎沾上，应立即清理污处，以防止生锈腐蚀。

（3）钢构产品周围施工过程中需对钢结构加以塑料薄膜、彩条布或是硬纸板包裹保护。

（4）相关钢构产品请勿私自改动，如雕塑、小品等，若有必要，请与专业生产厂家联系，以免造成钢构产品的寿命缩短。

（5）钢构产品要定期除掉表面的灰尘和污染物，最好选用纯棉织品的抹布，灌上性质温和的清洗剂轻轻擦拭，对凹陷处的灰尘，可用细软毛刷刷掉，用少量的防锈油擦拭表层部分，以保持钢构产品光亮如新。

（6）若发现小点锈点，应及时处理锈斑，用本色丙烯酸自喷漆覆盖。

（7）若遇上雨季，雨停之后可及时把沾上雨水的钢构表面水珠擦干，园林工作人员在浇灌花草时尽量勿把水珠溅到钢构产品上。

5. 玻璃

玻璃构件在施工过程中容易存在的问题有很多，如玻璃易碎、结构胶失效、玻璃支撑结构失效以及玻璃固定装置失效等，在安装玻璃构件前，对固定爪件进行必要的检验，检验合格后才能在现场安装使用。成品保护施工措施如下：

（1）在放置待装的玻璃周围作业时，作业人员及其作业用的工器具应远离玻璃放置处，以免打坏并划伤自己或他人，严禁在玻璃上放置、停靠一切物品、器具，严禁向玻璃放置处及周围丢掷物品。

（2）在装上玻璃的景观小品周围作业，拿硬物杆件时应注意其移动的方向，以免撞坏玻璃，不得用刀具等硬物划伤玻璃。

（3）在装上玻璃的景观小品近处抹灰、喷涂作业时，要对玻璃采取保护措施，避免灰渣喷撒到玻璃上，若喷撒到玻璃上，应及时用软且湿的布轻拭掉，对于已干的灰渣应采用专业清洁剂清理，不得随意抠、铲、刮掉。

（4）若在装上玻璃的景观小品周围做电焊作业，必须用木板或其他能遮挡火花的物品对玻璃加以保护，以免烧伤玻璃。

（5）在打胶及胶表面未干时，尽量避免有粉尘、水等工种的干扰；任何人未经认可不得对胶进行触摸，以免影响胶的外观效果；严禁对胶进行抠、撕、割等破坏行为。

（6）为了加强对玻璃构筑物的成品保护，及避免作业人员无意碰撞，可对已经装好的玻璃贴"玻璃易损，请注意保护，感谢您"的标签，做好警示标志。

6. 铺装施工

施工过程中以及施工完成后的保护：

（1）铺砌花岗岩板材过程中，施工人员应做到随铺随用海绵干布等揩净花岗岩面上的水泥浆痕迹。擦拭完成后，面层铺盖一层塑料薄膜。

（2）禁止有色液体直接接触石材表面造成污染，如机油、沥青等，架空层铺装避免装修过程中的二次污染。

（3）石材铺装清洗干净后，应在塑料薄膜上在覆盖一层无纺布、毡布等做保护，在工程未交付之前，不得撤除保护措施。

（4）不得使用腐蚀性溶液。

7. 木结构工程

木材刷油前对周边地面、构筑物进行覆盖保护。木地板没刷油之前使用彩条布保护。

8. 水电工程

（1）水电线管出口裸露处使用电工胶布保护。

（2）下水管道检查井木板覆盖保护。

9. 假山、小品等工程

（1）材料进场前需用胶纸或硬纸板进行保护。

（2）廊架立柱、建筑墙面、树池外饰面等完工后，对易破损部位的阳角要采取可靠的保护措施，必要时可采取木框围护。

（3）提高项目人员的成品保护意识，并设立警示标志：禁止踩踏和触摸等。

（4）项目所有成品保护外围保护面层材料要统一，并整齐美观。

10. 苗木工程

（1）苗木季节种植后，要采取防风、防雨措施，种植后要做好植物的支撑以防止树木因大风而倾倒。部分怕风地被可做好风障。要注意苗地的排水，以防造成积水，在适当的地方要设置排水沟。

（2）提高成活率：尽可能选用盆苗。大乔木选用泥头大而完整的苗木。

（3）冬季采取苗木防寒越冬措施，对于新栽乔木，提前浇好防冻水，封根缠干。指定专人负责收集气象预报资料，根据气象预报及时采取措施，防止大风、寒流和霜冻袭击而导致冻害。

十七、庭院施工常见问题

（一）地基常见问题

（1）地面下沉或者开裂。原因是地基厚度不够，所以将所有地基采用 8 cm 厚混凝土，并做到厚度均匀，必须冲筋。

（2）冬季冻融和地基上涨。

（3）地基常见问题见图 3-95 ～图 3-98。

图 3-95　由于混凝土厚度很薄，并且没有上好，遇到冬季降温，混凝土空隙较大，发生了严重冻融，几乎所有混凝土都不能使用

图 3-96　地基不牢固，导致左右沉降不均匀，地面展开裂缝，需要拆除进行维修

图 3-97　为散水紧挨着松软的土面，地基 3：7 灰土不够，冬季渗水后整个散水地基发生不均匀抬高，发生鼓包，整个散水外侧高于内测，问题严重，必须拆除重新施工

图 3-98　花池边缘地基整体沉降，导致地面铺装开裂

以上问题综合原因为：

①地面 3 : 7 灰土标准不够。

② 6 cm 厚的混凝土垫层有折扣，强度不到位。

③未按国家标准施工工艺进行施工。

简单地说就是偷工减料，造成的维修费用远远高于所节省的费用。所以此处重点强调，必须按照国家标准进行施工。

施工时必须做到以下几点：

（1）3 : 7 灰土垫层需夯实。

（2）地面冲筋，保证混凝土垫层均匀达到 8 cm 厚度。

（3）花池、矮墙等相关结构体部分必须做好 50 cm 深基础地基（图 3-99、图 3-100）。

（4）烧烤台，水池等构筑物地基要达到 10 cm，并配筋。

（二）填缝剂使用说明

（1）混合比例：按体积比 1 : 4（5L 水 : 25 kg 填缝剂）。

（2）将水和填缝剂按比例放置在干净的容器中，均匀搅拌 5 ~ 8 分钟后暂停，过 5 分钟后进行第二次搅拌，第二次搅拌时间为 5 ~ 8 分钟。

直至呈膏状水粉混合物。

（3）将填缝膏填充进石材缝隙中，从上至下进行填缝加工处理，用刮刀或刮板将多余部分转移至下一个施工面。

（4）施工时间：填缝膏的使用时间为 30 分钟，30 分钟内要将搅拌好的填缝膏施工完毕，若施工速度比较慢，建议分批次搅拌。

（5）单个区域施工 15 分钟后用海绵进行第一次表面清洗，将表面残留填缝剂和污渍清洗干净。施工 30 分钟后进行第二次表面彻底清洁，第二次清洗时要勤换水，保持水体的清洁度。

（6）施工后 24 小时方可进行其他作业施工。

（7）施工环境气温低于 -5 ℃、高于 45 ℃ 时不能进行填缝施工。

（8）避免手、眼等皮肤直接接触填缝剂，施工时请戴手套。若眼部不慎接触，用清水冲洗 5 分钟即可，情况严重的请立即就医。

（三）PE 井盖

1. 产品说明

PE 盖板即再生树脂复合材料检查井盖，主要成分为不饱和树脂、玻璃纤维、钢筋。

2. 与铸铁、水泥类井盖对比

较铸铁、水泥类井盖具有良好的抗冲击强度和耐腐蚀性能，并且具有质量轻、安装方便，适用温度范围广，使用寿命长的特点。

3. 绿地上使用

（1）一 般 做 下 沉 井 盖。参 考 规 格：

350 mm×250 mm、300 mm×400 mm、400 mm×500 mm、480 mm×480 mm 等。

4. 广场及人行铺装上使用

材料：不锈钢80×80，5厚，ϕ25 提拉孔，铺法同周边铺地材料。

注意要点：井盖尺寸根据现场情况而定；施工时井盖边框应与周边规则铺装材料平行或垂直，不能产生交角。

（四）室外灯具的选择与特殊灯具的安装工艺

1. 室外灯具材料

（1）室外灯具电气安全标准不能用 0 类灯具，可用Ⅰ类灯具，多尘污染等特殊环境需用Ⅱ或Ⅲ类灯具。

（2）室外灯具需使用节能、环保材料及新颖时尚样式。

（3）室外灯具光源主要使用荧光灯、紧凑型荧光灯、2U/3U 节能灯、钠灯、金卤灯、汞灯、LED。

（4）室外灯具设备及配件要求见表 3-20。

表 3-20　室外灯具设备及配件要求

灯具类型	材料	表面喷塑处理	IP 等级	电气安全	光源类型
地灯具	铸铝、铸铜、合金	盖罩以防爆玻璃（车道等特殊部位使用双层玻璃）、耐高温玻璃	IP67	Ⅰ类灯具，有需求时可用Ⅱ类灯具	节能灯、PAR38、卤素灯、汞灯、高压钠灯、金卤灯
庭院灯、草坪灯	铸铝、合金、钢板、不锈钢管、铁管等	庭院灯管热镀锌处理，灯罩以玻璃、PMMA、PC 等	IP67	Ⅰ类灯具，有需求时可用Ⅱ类灯具	节能灯、汞灯、高压钠灯、金卤灯
户外壁灯、嵌墙灯	铸铝、合金、钢板、不锈钢等	灯罩以玻璃、PMMA、PC 等	IP67	Ⅰ类灯具，有需求时可用Ⅱ类灯具	节能灯、卤素灯、汞灯
水下灯具	铸铝、合金、不锈钢、PC 注塑等	盖罩以防爆玻璃	IP68	Ⅲ类灯具（即低压电源）	PAR38、PAR30、PAR56、卤素灯
泛光灯具	铸铝、合金	高纯铝反光板，盖罩以防爆玻璃、耐高温玻璃	IP65	Ⅰ类灯具	高压钠灯、金卤灯、大功率节能灯

续表 3-20

灯具类型	材料	表面喷塑处理	IP 等级	电气安全	光源类型
道路灯具	灯杆 8 m 以上的路灯钢板不能小于 4 mm，热镀锌处理深度不小于 0.05 mm，铸铝灯体	灯罩以玻璃、PMMA、PC	IP65	I 类灯具	高压钠灯、金卤灯、大功率节能灯

2. 设计、选择、安装及施工要求

（1）由于大部分埋地灯、池壁灯和池底灯产品质量不过关，安装工艺较高和故障频率高，除设计有特殊要求外，建议不设计地埋灯和池壁灯。小区室外夜间环境照明灯只设计庭院灯、泛光灯和投光灯。

（2）院道路灯安装高度为 3.5 ~ 6.0 m，灯杆距离为 15 ~ 25 m，进入弯道处的灯杆间距应适当减小。

（3）灯照明的照度均匀（最小与最大的照度之比宜为 1 : 10 ~ 1 : 15 之间）。

（4）院草坪灯的间距宜为 8 ~ 10 m，草坪灯的设置应避免直射光进入人的视野。

（5）外照明宜在每灯杆处设置单独的熔丝短路保护，熔丝额定值必须与灯具功率相匹配，金属灯杆和灯具外壳采用 PE 线做保护接地，多杆灯具使用同一 PE 线时采取并接方式。

（6）外环境照明采用三相配电时，应尽量在不同控灯方式中保持三相平衡。

3. 室外灯具的选择

（1）应遵循的原则：

①灯具应有合理的配光曲线，符合要求的遮光角。

②灯具应具有较高效率，达到节能指标。

③灯具的构造应符合安全要求和周围的环境要求，如防尘、防水、抗撞击、抗风等。

④灯具造型应与环境协调，起到装饰美化的作用，表现环境文化。

⑤灯具应便于安装维修、清扫和换灯筒。

⑥灯具的性能价格比合理。

⑦灯具光通维持率高，即灯具的反射材料和透射材料具有反射比高和透射率高及耐久性好。

⑧灯具应有和环境相适应的光输出和对溢散光的控制，以免造成光污染和不必要的能耗。

⑨灯具应通过"CCC"强制认证。

（2）灯具的防护等级：

夜景照明用灯具的使用环境和使用条件复杂，为了防止人、工具或灰尘等固体异物触及或沉集在灯具带电部件上引起触电、短路等危险，防止雨水等进入灯具内造成危险，应根据使用环境选用符合《灯具 第一部分：一般要求与试验》GB 7000.1 中相关防护等级的灯具。

（3）灯具的防触电保护等级：

为了保证人体安全，灯具所有带电部位必须采用绝缘材料加以隔离，这种方法称为防触电保护，保护等级见表 3-21。

表 3-21　灯具的防触电保护等级

灯具等级	灯具主要性能	应用说明
0 类	保护依赖基本绝缘，在容易触及的部位及外壳带电体间绝缘	使用安全程度高的场合，且灯具安装、维护方便，如空气干燥、成灰少、木地板等条件下的吊灯、吸顶灯
Ⅰ 类	除基本绝缘外，容易触及的部分及外壳有接地装置，一旦基本绝缘失效时，不致有危险	用于金属外壳灯具，如投光灯、庭院灯等，提高安全程度
Ⅱ 类	除基本绝缘外，还有补充绝缘，做成双层绝缘或加强绝缘，提高安全程度	绝缘性能好，安全程度高，适用于环境差、人经常触的灯具，如台灯、手提灯
Ⅲ 类	采用特低安全电压（交流有效值小于 50 V），且灯内不会产生高于此值的电压	灯具安全程度高，用于恶劣环境，如机床工作灯、儿童用灯、水下灯、装饰灯等

注：夜景照明灯具采用Ⅰ、Ⅱ类灯具，在使用条件比较差的场所应采用Ⅲ类灯具，如人手可直接触及的装饰灯、水池等场所用灯具。

4. 庭院灯的选用

（1）庭院灯具按功能分为：步行道照明灯（高度一般不超过 6 m）、草坪灯（高度一般不超过 1.5 m）。

（2）庭院灯的选用应保持环境在视觉上的完整性、连贯性和协调性，并应注意：

①造型美观，与周围环境协调，富有艺术性。

②根据照明环境类型，选择适用灯具，防止过量溢散光对空间和植被造成污染。

③不得采用 0 类灯具。

④金属外壳应有良好接触。

⑥采用节能灯具，建议选择 200 W 以下光效达 50 lm/W、200 W 以上光效达 60 lm/W 的灯具。

⑦被照明物对显色性有要求，应选用配有相应适用光源灯具。

5. 投光灯的选用

（1）窄光束：适用于灯具距被照物表面较远，整个照明场地照度较高，局部区域照度较高（用中小功率灯具）。

（2）宽光束：灯具距被照物表面较近，要求照度低，并且较均匀。

（3）尽量减少眩光和杂散光。

（4）要满足水平照度和垂直照度的要求。

（5）不得采用 0 类灯具。

（6）采用 HID 光源的灯具应有良好的防紫外线外泄性能。

7. 相关灯具安装要求

（1）灯具的安装要求如下：

①满足灯具安装的垂直度和水平度。

②室外灯具安装时要与基础固定可靠，地脚螺栓螺帽齐全，保证不因为土方下沉而倾斜。

③草坪灯具和高杆灯具必须按照供应商提供的图纸砌筑基座。

④灯具的金属外壳必须接 PE 线保护，防止人触及而发生安全事故。电源线采用 BVR 线，灯具外露电线或电缆应有柔线金属导管保护。

⑤灯具的自动通断电源控制装置动作准确，每套灯具熔断器内熔丝齐全，规格与灯具匹配。

⑥灯具电源接线盒靠近灯具安放，线盒表面与地面齐平。处在草地的线盒表面漆成草绿色，与周围草地颜色相同；处在人行道等非草地范围内的线盒设在活动块石材下面，并铺设 20 mm 的细砂，并在活动石材表面上使用油漆做适当标记。线盒内导线连接处需做搪锡处理，接头外部做环氧树脂防水处理，线盒内浇灌石蜡做防水处理。

⑦对光源进行配光，提供符合要求的光分布，达到人工照明的目的。

⑧保护光源及其附件不受机械损伤、污染和腐蚀。光源及其附件如镇流器、触发器、电容器、启动器等要做良好固定，须符合灯具和规范的安全要求。提供照明安全保证，如电气和机械安全、防水、防尘、防腐蚀和防爆等。

⑨在人行道等人员来往密集场所安装的落地式灯具，安装高度距地面 2.5 m 以上。

⑩金属构架和灯具的可接近裸露导体及金属软管的接地（PE）或接零（PEN）可靠，且有标识。

（2）安装程序：灯具检查→ 组装→ 灯具安装→通电试运行。

（3）灯具的型号、规格必须符合设计要求和国家标准的规定。灯内配线严禁外露，灯具配件齐全，无机械损伤、变形、油漆脱落，灯罩破裂、灯箱歪翘等现象。

（4）照明灯具使用的导线电压等级不得低于交流 500 V，其最小线芯截面应符合规范要求。

（5）灯具的安装严格按说明书、标准图进行，必须格外注意观感质量、标高位置要正确可靠，安装应牢固。

（6）出口指示灯在门框上方明装，底边距门框 0.2 m。若门上无法安装，应在门旁墙上安装。疏散指示灯在墙和柱上距地 0.5 m 暗装或地面暗装。

（7）吸顶日光灯安装：根据设计图确定出日光灯的位置，将日光灯贴紧建筑物表面，日光灯的灯箱应完全遮盖住灯头盒，对着灯头盒的位置打好进线孔，将电源线甩入灯箱，在进线孔处应套上塑料管以保护导线。找好灯头盒螺孔的位置，在灯箱的底板上用电钻打好孔，用螺钉拧牢固，在灯箱的另一端应使用胀管螺栓加以固定。如果日光灯是安装在吊顶上的，应该用自攻螺钉将灯箱固定在龙骨上。灯箱固定好后，将电源线压入灯箱内的端子板（瓷接头）上。把灯具的反光板固定在灯箱上，并将灯箱调整顺直，最后把荧光灯管装好。

（8）应急照明灯具安装：根据图纸或施工规范预留、预埋电管和疏散标志灯盒。管内穿线完毕，且绝缘电阻测试合格后安装疏散标志灯。疏散标志灯设置不影响正常通行，不在周围设置容易混同疏散标志灯的其他标志牌。疏散通道上的标志灯间距不大于 20 m（人防工程不大于 10 m）。安全出口灯距地高度不低于 2 m，且安装在疏散出口和楼梯口里侧的上方。

（9）泳池设备安装：

①施工准备：

a.熟悉图纸资料，弄清设计图的设计内容，对图中选用的电气设备和主要材料进行统一设计，注意图纸提出的施工要求。

b.准备工具材料。

c.考虑与土建施工的配合问题，确定施工方法。

d.必须熟悉有关电气、给排水施工规范。

e.技术交底。施工前要认真听取工程技术人员的技术交底，弄清技术要求、技术标准和施工方法。

②工艺流程（图3-99）：回水→毛发收集→絮凝→过滤→pH 值调整→消毒→给水。

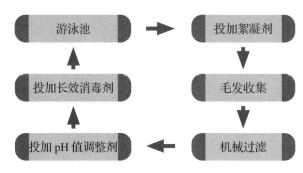

图 3-99 室外泳池水处理工艺流程示意图

工艺流程说明

　　水循环方式为顺流式循环：池水由池底的回水口，通过循环水泵从池中吸水，池水首先通过循环水泵的内置毛发收集器，将较大颗粒杂物截留，使之得到预净化处理。然后在水泵进水管内由计量泵投加絮凝剂，再经水泵高压送入过滤器进行过滤。水加药絮凝后通过过滤器的砂滤层，将水中的细小微粒杂质截留下来，从而使水得到净化，有效地降低水的浑浊度。通过过滤还可以使水中的有机物质、细菌、病毒等随着浊度的降低而被大量除去。经过循环处理的净水达到国家规定的游泳水质标准后，送回到游泳池、戏水池内循环使用。池水就这样连续不断地进行着净化处理、再使用再净化的循环过程。根据用户需要游泳池水质实况确定循环周期，一般定在 6 ~ 8 小时，戏水池一般定在 1 ~ 2 小时。

③质量标准：

池壁均匀布水，使水流分布均匀、不短流、不出现涡流及死水区，保证不同水层、不同部位的水温、游离余氯和 pH 值均匀一致，污染物沉淀在池底的情况相对减少。

能有效地吸出池水中的水，减少池水中的污物，且游泳者活动时产生的波浪可通过溢流消掉，以减低对游泳者的干扰。

池水初次给水、补水均采用市政自来水，补水可直接补至游泳池内。

第四章　庭院工程验收规范相关说明、参考意见

园林土建工程质量验收规范，是结合造园行业园林构筑工程的实际状况，参照《建筑地基基础工程施工质量验收规范》GB 50202、《砌体工程施工质量验收规范》GB 50203、《混凝土结构工程施工质量验收规范》GB 50204、《钢结构工程施工质量验收规范》GB 50205、《木结构工程施工质量验收规范》GB 50206、《屋面工程质量验收规范》GB 50207、《地下防水工程质量验收规范》GB 50208、《建筑地面工程施工质量验收规范》GB 50209、《建筑装饰装修工程质量验收规范》GB 50210、《建筑给水排水及采暖工程施工质量

验收规范》GB 50242 而编制的，编制顺序从基础工程至饰面、油漆工程结束，主要分项工程按照"1.术语""2.一般规定""3.允许偏差值表""4.主控项目""5.一般项目""6.强制性条文"执行，强制性条文按"主控项目"内容执行。

为了提高园林构筑工程质量，在施工过程中，每进行一道工序，必须严格执行施工规范规定的工序要求，严格控制工程质量，使其分部分项工程达到验收规范要求，合格率在95%以上，避免验收不合格而造成返工带来的经济损失。

一、基础工程

（一）地基基础

1. 地基土方开挖

地基土方开挖工程允许偏差和检验方法见表3-22。

表3-22　地基土方开挖工程允许偏差和检验方法

项次	项目	允许偏差／mm					检验方法
		基础坑槽	场地平整		管沟	地（路）面	
			人工	机械			
1	标高	−50	±30	±50	−50	−50	水准仪检测
2	长度	+200	+300	+500	+10	—	用尺检查
3	宽度	−50	−100	−150	—	—	用尺检查
4	表面平整度	≤ 20	≤ 20	≤ 50	≤ 20	≤ 20	拉线和尺检查
5	边坡	按设计要求					—
6	基底土性	符合设计要求					—

主控项目：标高是指设计图中标高，严格控制好标高；定位轴线位置准确，标识稳固。

一般项目：地基基底平整、无积水、夯实密

度符合设计要求；基底土性满足设计要求；混凝土垫层浇筑时不得有杂物和弃土、积水现象。

2. 地基土方回填

地基土方开挖工程允许偏差和检验方法见表3-23。

表3-23　地基土方回填工程允许偏差和检验方法

项次	项目	允许偏差／mm					检验方法
		基坑基槽	场地平整		管沟	地（路）面层	
			人工	机械			
1	标高	−50	±30	±50	−50	−50	水准仪检测
2	表面平整度	≤ 20	≤ 20	≤ 30	≤ 20	≤ 20	拉线和尺检查
3	回填土料	符合设计要求					

主控项目：标高，是指回填后表面的标高，控制好设计标高。

一般项目：回填土料应符合设计要求，无设计要求时，应清除垃圾，树根等杂物，用净土回填。夯实密度，全部采用机械夯实。

（二）砌体工程

1. 砖砌体

一般规定：

①砌筑砖砌体时,砖应提前1～2天浇水湿润。

②砌砖当采用铺浆法砌筑时，铺浆长度不得超75 cm，施工期气温超过30℃时，铺浆长度不得超50 cm。

③ 240 mm 厚承重墙的最上一皮砖，砖砌体的阶台水平面上及挑出层，应砌整砖丁砖。

④竖向灰缝不得出现透明缝、瞎缝和假缝。

砖砌体允许偏差和检验方法见表3-24。

表3-24　砖砌体允许偏差和检验方法

项次	项目	允许偏差／mm	检验方法
1	基础顶面标高	±15	水准仪检测
2	轴线位置偏移	≤ 10	经纬仪检测
3	每层垂直度	≤ 5	吊线检查
4	柱墙表面平整度	≤ 8	用2 m尺检查
5	水平灰缝平直度	≤ 10	10 m拉线检查
6	水平灰缝平直度	≤ 20	以底口为准吊线检查

主控项目：砖和砂浆的强度等级必须符合设计要求；砌体水平灰缝的砂浆饱满度不得小于85%；砖砌体的转角处和交接处应同时砌筑，对不能同时砌筑而又必须留置的临时间断处应砌成斜槎，斜槎水平投影长度不应小于高度的2/3。

一般项目：砖砌体组砌方法应正确，上下错缝，内外搭砌，砖柱不得采用包心砌法。砖砌体的灰缝应横平竖直厚薄均匀，水平灰缝，厚度宜为10 mm，但不应小于8 mm，也不应大于12 mm。

2. 石砌体

一般规定：

①石砌体采用的石材应质地坚实，无风化剥落和裂纹。

②石材表面的泥垢、水锈等杂质，砌筑前应清除干清。

③砌筑毛石基础的第一皮石块应坐浆，浆大面向下，应采用丁砌法坐浆砌筑。

④表面需加工的砌体，每一皮（层）找平一次，修边，灰缝一致。

⑤不需表面加工的砌体，每砌3～4皮高度应水平找平一次。

⑥丁砌料石伸入毛石部分的长度不应小于200 mm。

石砌体允许偏差和检验方法见表3-25。

表3-25　石砌体允许偏差和检验方法

项次	项目	允许偏差／mm				检验方法
		毛石砌体		粗料石砌体		
		基础	墙	基础	墙	
1	轴线位置	≤20	≤15	≤15	≤10	经纬仪检查
2	垂直度	—	≤20	—	≤10	吊线检查
3	顶面标高	±25	±15	±15	±10	水准仪检查
4	砌体厚度	+30	+20−10	±15	±10	用尺检查
5	表面平整度	—	≤20	—	≤15	拉线检查

主控项目：泄水孔应均匀设置，在每米高度上间隔2 m左右设置一个泄水孔，设计上有规定的设置，必须按设计要求设置。泄水孔与土体间铺设长宽各为300 mm、厚200 mm的卵石或碎石做疏水层，砂浆饱满度不应小于80%。

一般项目：挡土墙内侧回填土必须分层夯填，分层松土厚度应为300 mm。石砌体应内外搭砌，上下错缝，拉结石、丁砌石交错设置；石砌体的灰缝，不应大于20 mm。

（三）模板工程

模板安装允许偏差和检验方法见表3-26。

表3-26　模板安装允许偏差和检验方法

项次	项目		允许偏差／mm	检验方法
1	预埋件孔	钢板中心线	≤3	拉线和尺检查
		播筋中心线	≤5	用尺检查
		螺栓中心线	≤2	用尺检查
		孔洞中心线	≤10	用尺检查
2	模板	轴线位置	≤5	拉线和尺检查
		基础截面	±10	用尺检查
		柱、梁截面	+4 −5	拉线和尺检查
		层高垂直度	≤6	吊线检查
		表面平整度	≤5	拉线和尺检查

主控项目：安装现浇结构的上层模板及其支架时，下层应具有承受上层荷载的能力，或加设支架时，上、下层支架的立柱应对准，并铺设垫板，支架拉结牢固。

一般项目：模板的接缝不应漏浆，混凝土浇筑前应湿润模板，清理模板内一切杂物；检查轴线位置、几何尺寸、预留孔洞，埋件的位置符合设计要求。

（四）钢筋加工、安装工程

钢筋加工、安装允许偏差和检验方法见表3-27。

表 3-27　钢筋加工、安装允许偏差和检验方法

项次	项目	允许偏差／mm	检验方法
1	加工受力钢筋全长净尺寸	±10	用尺检查
2	加工箍筋内净尺寸	±5	用尺检查
3	安装受力钢筋间距、排距	+10 −5	用尺检查
4	安装受力钢筋保护层基础、柱梁	±10　±5	用尺检查
5	绑扎钢筋间距	±20	用尺检查
6	钢筋弯起点位置	20	用尺检查

主控项目：受力钢筋的品种、级别、规格和数量应达到设计要求，纵向受力钢筋的连接方式应符合设计要求，HPB235级钢筋末端应做180°弯钩。

一般项目：钢筋应平直、无损伤、油污、老锈等。钢筋的接头宜设置在受力较小处，同一纵向受力钢筋不得有两个或两个以上接头，接头末端距弯起点的距离不应小于钢筋直径的10倍。设置在同一构件内的接头应相互错开，当无设计要求时，不宜大于接头面积的50%。受拉搭接区段绑扎箍筋同支座端的加密箍筋不应大于100mm，支座端加密箍筋的支数无设计要求时，可按梁高1.5倍作为加密区长度。

（五）混凝土浇筑工程

主控项目：混凝土必须按配合比计量配料，允许偏差：水泥±2%，砂石±3%；砂的含泥量不得超过砂的3%、石子的2%。

一般项目：施工缝的位置按施工技术方案执行。混凝土浇筑完毕后，雨天应加覆盖保护。混凝土浇水养护，一般的不应少于7天，浇水次数应能保持混凝土处于湿润状态，养护水应同混凝土搅拌水相同。

（六）木构架工程

木构件安装允许偏差和检验方法见表3-28。

表3-28　木构安装允许偏差和检验方法

项次	项目	允许偏差／mm	检验方法
1	柱距	±5	用尺检查
2	柱高	±10	用尺检查
3	柱脚及柱头的进深和开间	+20	用尺检查
4	柱侧脚	±H/200	吊线检查
5	檐出	±10	用尺检查
6	每步架举高	±5	拉线检查
7	翼角起翘	±10	吊线检查
8	翼角生出	±10	吊线检查
9	柱或梁直径	±D/100	用尺检查
10	梁高截面尺寸	−15	用尺检查
11	梁宽截面尺寸	−12	用尺检查
12	横枋高尺寸	±5	用尺检查
13	横枋宽尺寸	±3	用尺检查
14	檩或搁栅直径	±5	用尺检查
15	椽条间距	±5	用尺检查

主控项目：按设计的木构架的材质、品种、规格和数量用材，控制好分部分项的轴线、标高、几何尺寸。

一般项目：加强柱脚的锚固方式和稳固性。穿斗式的榫缝不应大于2mm，扣榫缝或拼对缝不应大于1mm。异型小构件应谐调一致，弯、弧均称且表面光洁整齐。需做油漆面必须打磨光滑，不应有毛刺、缺陷。层面板用胶粘边搭板缝时，不得有漏水出现。

（七）地面工程

1. 术语

建筑地面：建筑物底层地面（地面）和楼层地面（楼面）的总称。

面层：直接承受各种物理和化学作用的建筑地面表面层。

结合层：面层与下一构造层相联结的中间层。

基层：面层下的构造层，包括填充层、找平层、垫层和基土等。

找平层：在垫层、楼板上或填充层（轻质、松散材料）上整平，找坡或加强作用的构造层。

垫层：承受并传递地面荷载于基土上的构造层。

基土：底层地面的地基土层。

2. 基本规定

建筑地面的分部工程有子分部工程、分项工程，具体划分见表3-29。

表3-29　建筑地面子分部工程、分项工程划分

分部工程	子分部工程	分项工程
建筑装饰、装修工程	子分部工程	基层：基土、灰土垫层，砂垫层和砂石垫层，碎石垫层和碎砖垫层，炉渣垫层，水泥混凝土垫层，找平层，填充层。 面层：水泥混凝土、水泥砂浆、水磨石面层
	板块面层	基层：基土、灰土垫层，砂垫层和砂石垫层，碎石垫层和碎砖垫层，炉渣垫层，水泥混凝土垫层
	木竹面层	基层：基土、灰土层、砂垫层和砂石垫层，碎石和碎砖垫层，水泥混凝土垫层和找平层，填充层。 面层：实木地板面层（条材、块材面层），实木复合地板面层（条材、块材面层），竹地板面层

3. 基层铺设

一般规定：基层铺设前，其下一层表面应干净，无积水。当垫层、找平层内埋暗管时，管道应按设计要求予以稳固。

基层表面的允许偏差和检验方法见表3-30。

表3-30　基层表面的允许偏差和检验方法

项次	项目	允许偏差／mm									检验方法
		基土	垫层			找平层					
		土	砂、砂石、碎石、碎砖	灰土、炉渣、水泥混凝土	木格栅	其他种类面层	拼花木板、板块面层	水泥砂浆结合层铺设板块面层	粘胶结合层铺设木、竹地板面层	松散材料	
1	表面平整度	≤15	≤15	≤10	≤3	≤5	≤3	≤5	≤2	≤7	2 m靠尺检查
2	标高	-5	±20	±10	±5	±8	±5	±8	±4	±4	水准仪检查
3	坡度	不大于块段相应尺寸的2/1000									用尺检查
4	厚度	不小于设计厚度的1/10									用尺检查

（1）基土：

主控项目：基土严禁用淤泥、腐植土、耕植土和含有机物质大于8%的土作为填土；基土应均匀密实，压实系数应符合设计要求，无设计要求时，不应小于0.90。

一般项目：基土表面的允许偏差符合表3-30的规定。

（2）砂垫层和砂石垫层：

主控项目：砂和砂石不得含有草根等有机杂质，砂应采用中砂石子最大粒径不得大于垫层厚度2/3；砂垫层和砂石垫层的干密度（或贯入度）应符合设计要求。

一般项目：砂、石垫层铺设时，压（夯）不松动为止，表面不应有砂窝，石堆等质量缺陷。

（3）碎石垫层和碎砖垫层：

主控项目：碎石垫层和碎砖垫层厚度不应小于100 mm；垫层应分层压（夯）实，达到表面坚实平整。碎石的粒径应均匀，最大粒径不应大于垫层厚度的2/3，碎砖不应采用风化，酥松，夹有有机杂质的砖料，颗粒粒径不应大于60 mm。

一般项目：碎石垫层和碎砖垫层的允许偏差应符合表3-30的规定。

（4）水泥混凝土垫层：

主控项目：水泥混凝土垫层采用的粗骨料，其石子最大粒径不应大于垫层厚度的2/3，含泥量不应大于2%，砂为中砂，其含泥量不应大于3%，禁止用石屑代替粗骨料；混凝土的强度等级应符合设计要求，且不应小于C15。

一般项目：水泥混凝土表面的允许偏差应符合表3-30的规定。

4. 整体面层铺设

一般规定：铺设整体面层时，其水泥类基层的抗压强度不得小于1.2 MPa，表面应粗糙、洁净、湿润并不得有积水，铺设前宜涂刷界面处理剂（或素水泥浆）。整体面层施工后，养护时间不应少于7天，抗压强度达到15 MPa后，方可上人行走，抗压强度应达到设计要求后方可使用。整体面层的抹平工作应在水泥初凝前完成，压光工作应在水泥终凝前完成。

整体面层的允许偏差和检验方法见表3-31。

表3-31 整体面层的允许偏差和检验方法

项次	项目	允许偏差／mm				检验方法
		水泥混凝土面层	水泥砂浆面层	普通水磨石面层	水泥钢铁屑面层	
1	表面平整度	≤ 5	≤ 4	≤ 3	≤ 2	2 m直尺检查
2	踢脚线上口平直	≤ 4	≤ 4	≤ 3	≤ 3	拉5 m线检查
3	缝格平直	≤ 3	≤ 3	≤ 3	≤ 2	拉5 m线检查

（1）水泥混凝土面层：

主控项目：水泥混凝土采用的粗骨料，其最大粒径不应小于面层厚度的 2/3，细石混凝土面层采用的石子粒径不应大于 15 mm。面层的强度等级应符合设计要求，且水泥混凝土面层强度等级不应小于 C20，水泥混凝土垫层兼面层强度等级不应小于 C20。

一般项目：面层表面不应有裂纹、脱皮、麻面、起砂等缺陷；面层表面坡度应符合设计要求，不得有倒泛水和积水现象；梯步的宽度、高度应符合设计要求，踏步高度差不应大于 10 mm，两端宽度不应大于 10 mm。

（2）水泥砂浆面层：

主控项目：水泥强度等级不应小于 32.5 级，当采用石屑时，其粒径应为 1～5 mm，且含泥量不应大于 3%。水泥砂浆面层的体积比（强度等级）必须符合设计要求，且体积比应为 1：2，其强度等级不应小于 M15。面层与下一层结合牢固、无空鼓、裂纹。

一般项目：面层表面坡度应符合设计要求，不得有倒泛水和积水现象。面层表面应洁净，无裂纹、脱皮、麻面、超砂，高度差不应大于 10 mm，宽度两端差不应大于 10 mm。

5. 板块面层铺高

一般规定：铺设板块面层时，其水泥类基层的抗压强度不得小于 1.2 MPa；配制水泥砂浆的水泥强度等级不小于 32.5。板块铺砌应符合设计要求，当设计无要求时，应避免出现板块小于 1/4 边长的边角料。在面层铺设后，表面应覆盖保护，湿润养护时间不少于 7 天。

板块面层的允许偏差和检验方法见表 3-32。

表 3-32　板块面层的允许偏差和检验方法

项次	项目	允许偏差／mm								检验方法
		水磨石板块陶瓷地砖	缸砖面层	水泥花砖面层	大理石花岗石面层	碎拼大理石花岗石	活动地板面层	条石面层	块石面层	
1	表面平整度	≤ 2	≤ 4	≤ 3	≤ 1	≤ 3	≤ 2	10	≤ 10	2 m 直尺检查
2	缝格平直	≤ 3	≤ 3	≤ 3	≤ 2	/	≤ 2.5	≤ 8	≤ 8	拉 5 m 线检查
3	接缝变低差	≤ 0.5	≤ 1.5	≤ 1.5	≤ 0.5	/	≤ 0.4	≤ 2	/	楔形尺检查
4	踢脚线上口平直	≤ 3	≤ 4	/	≤ 1	≤ 1	/	/	/	拉 5 m 线检查
5	板块间隙宽度	≤ 2	≤ 2	≤ 2	≤ 1	/	≤ 0.3	≤ 5	/	钢尺检查

（1）砖面层：

主控项目：面层所用的板块品种、规格、质量符合设计要求。面层与下一层的结合（黏结）应牢固、无空鼓（空鼓总量不得超过 5%）。

一般项目：砖面层的表面应洁净、图案清晰、色泽一致、接缝平整、深浅一致、周边顺直，板块无裂纹、掉角和缺棱等缺陷。面层邻接处的镶边用料及尺寸应符合设计要求，边角整齐、光滑。梯踏步和台阶板的缝隙宽度应一致，齿角整齐。面层表面的坡度应符合设计要求，不倒泛水，无积水，与地漏、管道结合处应严密牢固。

（2）大理石面层和花岗石面层：

主控项目：大理石、花岗石面层所用板块品种、规格质量应符合设计要求。面层与下一层应结合牢固，无空鼓（空鼓总量得不超过 5%）。

一般项目：大理石、花岗石面层的表面应洁净、平整、无磨痕，且应图案清晰、色泽一致、接缝均匀、周边顺直、镶嵌正确，板块无裂纹、掉角、缺棱等缺陷。踢脚线表面应洁净，高度一致，结合牢固，出墙厚度一致。梯踏步和台阶板块的缝隙宽度一致，齿角整齐。面层表面的坡度应符合设计要求，无要求时可按自然流水或 1% 放坡，不倒泛水，无积水，与地漏、管道结合处应严密牢固。大理石和花岗石面层（或碎拼大理石、碎拼花岗石）的规定相同。

（3）料石面层：

主控项目：面层材质应符合设计要求，条石的强度等级应大于 MU60,块石的强度等级应大于 MU30。面层与下一层结合牢固，无松动。

一般项目：条石面层应组砌合理，无十字缝，铺砌方向和坡度应符合设计要求，块石面层石料缝应相互错开，通缝不超过两块石料。料石面层的允许偏差应符合表 3-32 的规定。

6. 木、竹面层铺设

一般规定：木、竹面层铺设在水泥类基层上，其基层表面应坚硬、平整、洁净、不起砂。所用的材料、断面尺寸、含水率等主要技术指标应符合产品标准的规定。

木、竹面层的允许偏差和检验方法见表 3-33。

表 3-33　木、竹面层的允许偏差和检验方法

项次	项目	允许偏差／mm			检验方法
		实木地板		复合板竹地板	
		木地板	拼花木地板		
1	板面缝隙宽度	≤ 1	≤ 0.2	≤ 0.5	相邻高差
2	表面平整度	≤ 3	≤ 2	≤ 3	2 m 直尺检查
3	表面拼缝平直	≤ 3	≤ 3	≤ 3	拉 5 m 线检查
4	粗邻板高差	≤ 0.5	≤ 0.5	≤ 0.5	2 m 直尺检查

（1）实木地板：

主控项目：实木地板的材质、规格、数量必须符合设计要求，木格栅安装应牢固、平直，留缝的缝隙宽度均匀一致。

一般项目：实木地板面层应无明显创痕和毛刺等现象，木纹中的死节无缺陷，颜色均匀一致；接头部位应错开，表面整洁；实木地板面层允许偏差应符合表3-33的规定。

（2）竹地板面层：

主控项目：竹地板面层采用的材料，其技术等级和质量要求应符合设计要求，木格栅、木地板和垫木等应做防腐、防蛀处理，竹、木格栅安装应牢固、平直。

一般项目：竹地板面层品种与规格应符合设计要求，板面无翘曲，面层缝隙应均匀，接头位置错开，表面洁净。

（八）抹灰工程

抹灰工程允许偏差和检验方法见表3-34。

表3.34　抹灰工程允许偏差和检验方法

项次	项目	允许偏差／mm	检验方法
1	立面垂直度	≤ 3	吊线检查
2	表面平整度	≤ 3	2m 直尺检查
3	阴阳角方正	≤ 3	钢尺检查
4	分格条（缝）直线度	≤ 3	拉 5m 线检查
5	墙、勒脚上口直线度	≤ 3	拉 5m 线检查

主控项目：抹灰前基层表面的尘土、污垢等应清除干净，并应洒水润湿。不同材料基体交接处表面的抹灰，应采取防止开裂的加强措施，当采用加强钢网时，加强钢网与各基体的搭接宽度不应小于100 mm。抹灰层与基层之间及各抹灰层之间必须黏结牢固。

一般项目：抹灰表面光滑、洁净、接槎平整、分格缝应清晰。有排水要求的部水应做滴水线，滴水线整齐顺直。

（九）立面铺装工程

饰面粘贴允许偏差和检验方法见表3-35。

表3-35　饰面粘贴允许偏差和检验方法

项次	项目	允许偏差／mm						检验方法
		石材		瓷板	木材	墙砖	塑料	
		光面	毛面					
1	立面垂直度	≤ 2	≤ 3	≤ 2	≤ 1.5	≤ 3	≤ 2	2 m 直尺检查
2	表面平整度	≤ 2	≤ 3	≤ 1.5	≤ 1	≤ 4	≤ 3	2 m 直尺检查
3	接缝直线度	≤ 2	≤ 4	≤ 2	≤ 1.5	≤ 3	≤ 3	直角尺检查
4	接缝直线度	≤ 2	≤ 3	≤ 2	≤ 1	≤ 3	≤ 1	拉 5 m 线检查
5	接缝高差度	≤ 0.5	≤ 3	≤ 0.5	≤ 0.5	≤ 1	≤ 1	拉 5 m 线检查
6	接缝宽度	≤ 1	≤ 2	≤ 1	≤ 1	≤ 1	≤ 1	钢尺检查

主控项目：饰面材质品种、规格、颜色和性能应符合设计要求，饰面板孔、槽、位置和尺寸应符合设计要求。

一般项目：饰面的表面应平整、洁净、色泽一致，无裂纹和缺损，石材表面应无泛碱等污染。饰面板嵌缝应密实、平直，宽度和深度应符合设计要求，嵌填材料色泽应一致。饰面板上的孔洞应套割吻合，边缘应整齐；饰面砖粘贴必须牢固。

（十）屋面、防水工程

1. 瓦屋面

主控项目：沟瓦及其脊瓦的质量必须符合设计要求。

一般项目：瓦头挑出封檐板的长度为 50 ～ 70 mm。瓦面平整、行列整齐、搭按紧密、檐口平直。脊瓦应搭盖正确、间距均匀、封固严密，屋脊和斜脊应顺直，无起伏现象。

2. 种植屋面

主控项目：种植屋面的防水屋面采用材料、品种、型号和性能应符合设计要求。

一般项目：种植屋面应有 1% ～ 3% 的坡度，种植屋面四周应设挡墙，挡墙下部应设泄水孔，孔内侧放置疏水粗细骨料或无纺布。屋面水池所设排水管、溢水口和给水管等，应在防水屋施工前安装完毕。防水层当采用高聚物改性防水涂料时，宜采用刮两至三遍，确保厚度 3 mm 以上，禁止用刷子涂刷达不到设防层厚度。防水层施工结束后，必须灌水试验 48 小时，检查无渗漏现象。游泳池、

水池、溪流的防水层做法与屋面防水层做法相同。

（十一）室外给排水管工程

1. 室外给水管

主控项目：给水管道的管材、管件、阀等材质应符合设计要求。给水管道在埋地敷设时，其埋置深度不应小于 300 mm。给水管道不得穿越任何管井、埋置管底下。管网必须进行水压试验，试验压力为工作压力的 1.5 倍，但不得小于 0.6 MPa。

一般项目：给水管道的连接应符合工艺要求，当采用塑料管时必须进行热融，不得用胶黏结。当管道在不同标高，平行敷设时，高低差应用弯头转折敷设。水阀设置处的底座应固定坚实，不得松动。

2. 室外排水管

主控项目：排水管道的管材、管件、连接方式应符合设计要求。排水管道的坡度符合设计要求，严禁无坡或倒坡。排水管道必须做灌水试验和通水试验，排水应畅通、无堵塞，管接口无渗漏。池内排水出口处必须做小沉井加地漏盖。

一般项目：排水管与管井接口密实，不得有渗漏。排水管、过水管当穿越路道时，确保埋置深度的要求，管道周边用混凝土封闭，其厚度不得小于 150 mm。

3. 排水管沟、检查井

主控项目：沟基和井池板的处理必须符合设计要求，设计无要求时，可采用 C20 混凝土底板厚 100 mm。排水检查井、进出水管的标高，必

须符合设计要求，允许偏差为 ±15 mm。

一般项目：井、池的规格，尺寸和位置应正确，砌筑和抹灰符合规范要求。井盖用混凝土板时，应留 ϕ20 孔洞两个，其厚度尺寸符合设计要求。检查井内壁抹水泥砂浆面。

（十二）电线、电缆敷设

1. 线路敷设

主控项目：电线、电缆的品牌、型号及数量应符合设计要求。不同回路，不同电压等级和交流与直流的电线，不应穿于同一导管内，同一交流回路的电线穿于同一导管内，且导管内电线不得有接头。

一般项目：电线、电缆穿入导管后埋置深度（种植区）不应小于 300 mm。灯座、接线盒埋入终端都应导管，插入灯座或箱盒内。

2. 景观灯具安装

主控项目：灯具的品牌、型号位置及数量应符合设计要求。景观照明灯安装符合每套灯具的导电部分对地绝缘电阻值大于 2 Ω。在人行道等人员来往场所安装的落地灯具，无围栏防护，安装高度距地 2.5 m。庭院灯安装应符合每套灯具的导电部分对地绝缘电阻值大于 2 Ω。立柱或路灯、落地灯、园艺灯等灯具与基础固定可靠，地脚螺柱备帽齐全，灯具的接线盒或熔断器盒，盒盖的防水密封垫完整的规定。

一般项目：景观照明灯具构架固定可靠，地脚螺栓拧紧，备帽齐全。灯具的螺栓紧固、无遗漏，灯具外露的电线或电缆应有柔性导管保护。

3. 庭院灯具安装

庭院灯具安装应符合下列规定：灯具的自动通断电源，控制装置动作准确，每套灯具熔断器盒内熔丝齐全，规格与灯具适配。架空线路电杆上的灯具固定可靠，紧固件齐全、拧紧，灯位正确，每套灯具配有断器保护。

（十三）洗石（水刷石）、雨花石

主控项目：洗石（刷石）、雨花石的颜色、图案、位置应符合设计要求。洗石（刷石）、雨花石裸露外面的 1/3，稀密均匀，表面平整，达到感观效果。

一般项目：洗石（刷石）采用石子必须通过级配，大小均匀，达到凸出料径石子的 1/4 ~ 1/3。粘贴雨花石，石子粒径均匀紧密，排列错位有序，表面平整，不得有冒浆现象。

（十四）油漆

主控项目：漆的种类、品牌、颜色必须符合设计要求。各种漆饰面的基层表面必须达到平整、光洁，无毛刺、缺陷等。

一般项目：漆表面色彩一致；表面刷漆，面漆一般喷两遍，厚度均匀，达到观感一致的光泽效果。

二、绿化施工操作技术规范及验收标准
（一）种植土

（1）种植土应选择保水性与透气性良好的园田土、轻壤土或中壤土。不可选用透气性差的黏土，也不可选用含大量建筑垃圾、石子或页岩风化的土壤，此类土壤保水性较差。

（2）绿地种植土覆盖至少应达到30cm，对于大灌木、乔木等要求较厚土层的植物，可以采用客土栽培，通过换窝土的方式满足换栽植的土层要求。

（3）绿地应按设计要求构筑地形。对深填方、基部回填了大量建筑垃圾的地方，在回填种植土后要进行水夯后再行栽植，以免因沉降造成绿地的凹凸不平。栽植地被灌木种植地应翻耕20cm，以利于土壤的排水透气，同时提高地被灌木的成活率。翻耕时应去除杂物、耧平耙细，土壤最大粒径应小于5cm。铺设草坪的绿地只要场地平整，同时满足草坪基本的走根要求，可不进行深翻土壤。

（二）种植穴、种植槽的挖掘

（1）种植穴、槽挖掘前，应首先了解地下管线和隐蔽物埋没情况。

（2）种植穴、槽挖掘应符合设计要求，若遇障碍物，应根据现场实际情况综合设计意图，进行适当调整。

（3）种植穴、槽的大小，应根据苗木根系，土球直径和土壤情况而定。穴、槽必须垂直挖，上下口底相等，一般种植穴直径应比土球或根系大30～40cm，深度应比土球深10cm。

（4）穴挖好后回填部分表土于穴底部，栽植地土粒径较大时要加入河沙拌合，有条件的可放入腐熟的有机肥做基肥。

（三）苗木运输、搬运、放置

（1）苗木运输量应根据种植数量及品种确定，苗木运到现场后及时栽植。

（2）苗木在装卸车时应轻取轻放，不得损伤苗木和造成散球，在吊运时可能损伤到的树干的地方应加垫保护。

（3）灌木到场后，不能立即栽植的应直立放置并紧密排放整齐，气温、日照较大时应加盖遮光网保护。

（4）对于各种原因无法栽植的苗木，应予假植。假植要求：选择排水良好，湿度适宜，离栽植地较近的地方假植；根据苗木根系长短或土球大小挖一条深浅适宜的浅沟，苗木单行排在沟里，放一行苗木填一次土，将根部埋实，浇上适量的水，以保持土壤湿润，保证根系或土球湿度。若乔木大树假植，应按栽植程序浅栽、修剪、支撑、缠草绳、浇水等，假植期间根据需要，还应给苗木喷水及修剪等养护措施。

（四）苗木种植前的修剪

（1）种植前应进行苗木根系的修剪，宜将劈裂根、病虫根、过长根剪除，并对树冠进行修剪，保持地上、地下平衡。

（2）乔木修剪规定：

具有明显主干的高大落叶乔木应尽可能地保持原有树形，适当疏枝，对保留的主侧枝可在建壮芽上短截，可剪去枝条的1/5～1/3。

无明显主干、枝条茂密的落叶乔木，可疏枝保持原有树形，对特大乔木，为保证成活，可以只选留主干上的几个侧枝。

常绿针叶树，不宜修剪，只剪除病虫枝、枯死枝、生长衰弱枝、过密的轮生枝和下垂枝。

枝条茂密的常绿乔木可适当修枝，摘除部分叶子，短剪树枝，保持树形，修剪内膛枝、徒长枝等。

棕榈植物如蒲葵、假槟榔等可以将多余的叶从叶柄基部修剪，保留的叶在保持叶形的基础上适当修剪。

（3）灌木及藤蔓修剪：

带土球、带宿土裸根苗木及上半年花芽分化的开花灌木不宜做修剪，剪除枯枝、病虫枝。

分枝明显、新枝着生花芽的小灌木，应顺应其树势适当修剪促生新芽，更新老枝。

用作绿篱的乔灌木、用作地被的色块，可在种植后按设计要求整形修剪。

攀援类和蔓性苗木可剪除过长部分。攀援上架苗木可剪除交错枝、横向生长枝、徒长枝。

（4）苗木修剪质量：

剪口平滑，不得劈裂。

枝条短剪时应留外芽，剪口应距留芽位置以上1cm。

修剪直径5cm以上枝时，截口必须削平并涂伤口涂抹剂保护或包扎薄膜保护。

（五）树木种植

（1）应根据树木的习性和当地的气候条件，选择适宜的树种及保护措施种植。

（2）规则式种植应保持对称平衡，行道树或列植树应保持在一条线上，相邻植株规格、高度搭配应与设计相符。种植的树木应保持直立，不得倾斜（设计特殊要求除外），应注意观察面的合理朝向。

（3）种植带土球树木时，不易腐烂的包装必须拆除。

（4）珍贵树种应根据情况采取树冠喷雾、树干保湿、遮阴、喷洒生根激素、保温、增大土球直径等措施保护。

（5）种植时，根系必须舒展，填土应分层夯实，种植深度应与原种植线一致。部分珍贵乔木不耐积水的可高于种植线，土粒较大可在填土时拌合河沙，覆土深度一般要比土球深5cm，特殊情况除外。

（6）乔木在非种植季节种植时，应根据不同情况分别采取以下技术措施保护。

> **小贴士**
>
> 1. 选用根系较好、已进土根系或移栽过的"熟货"苗木。
> 2. 落叶乔木可进行强修剪，常绿苗木在适当修剪后视情况摘除叶片。
> 3. 夏季可采取搭遮光网、树冠喷雾、树干保湿、在树干外注入营养液、喷抗蒸腾剂等措施。
> 4. 冬季对不耐寒植物应采取防寒措施，如盖地膜，树冠、树干盖薄膜保温，增大土球直径等。

（7）对排水不良的种植穴，可在穴底铺10～15cm厚的砂砾或挖排水盲沟，以利排水。

（8）树木在植入树穴前，应先检查种植穴的大小及深度，不符合根系要求的应修整种植穴。

（9）种植裸根苗木时，应将种植穴底填土呈半圆土堆，植入树木填土1/3时应轻提树干使根系舒展，并充分接触土壤，随后填土分层夯实。

（10）带土球树木必须踏实穴底土层，而后植入种植，四周要分层用棒捣实，土粒径较大时可加入部分河沙填充。

（11）树木种植后浇水，支撑固定应符合下列规定：种植后应在略大于种植穴的周围筑成高10～15 cm的灌木临时围堰，以利于浇定根水的效果。黏性土壤宜适量浇水，根系不发达树种浇水量宜较多，肉根植物浇水量宜少。干旱季节应增加浇水数量，浇水时间应在上午10点前、下午4点后。支撑3或4根柱应等距等分，排列整齐美观。支柱应牢固，绑扎树应加夹垫物，攀援植物应根据需要进行绑扎或牵引。

（12）地被的灌木的栽植在满足栽植的基本的要求的同时，还应达到设计要求的形状，一般为内高外低，灌木边缘栽植要求整齐饱满美观，边缘通常应加密栽植及调整观赏面。

（六）草坪

（1）播种草坪规定：

选择优良种子，播种前根据情况做催芽处理，一般做浸泡及低温催芽。

播种前先浇水浸地，保持土壤湿润，稍干后将表层土耙细耙平，土粒直径应在2 cm内，无法达到的可覆一层薄河沙拍压整平，去除杂物。平整度和坡度符合设计要求，路面或路沿衔接处高度统一，边缘通常应比路面或路沿略低2 cm。

播种量依据草种类别而不同，播种要均匀，可分多次等量撒播。

播种完成后喷水，水点宜细密均匀，浸透土层8～10 cm，应经常喷水保湿，宜可覆盖无纺布保持湿润，至发芽后撤除。

（2）铺设草块规定：

草块要选择无杂草、生长势好的草源。

铺设前土壤保持湿润，表层应耙细耙平。平整度和坡度符合设计要求。路面或路沿衔接处高度统一，边缘通常应比路面或路沿略低2 cm。

铺设时草块可采取密铺或间铺，密铺应互相衔接不留缝，间铺间隙应均匀，间隙一般为3 cm，大面积铺设时应加控制线铺设，保持铺设整齐美观。草块铺设后要覆砂盖缝。草块铺设后应滚压或拍压及灌水。一般冬季覆砂要适当多些，夏季要经常浇水。

（七）水生花卉

水生花卉应根据不同种类、品种习性进行种植。种植时应牢固埋入泥中，防止浮起（漂浮类水生植物除外）。

> **注意**　施工结束后要清理施工中产生的垃圾，打扫卫生。

（八）验收标准

（1）所有树木应符合设计要求的规格，形状美观，无病虫害、损伤。泥球松散等均为不合格产品。

（2）加强后期养护，枯枝黄叶及时清除，病虫害及时处理。

（3）对在包活期内死亡的植物及时更换。

（4）绿地整洁，表面平整，无杂物、建筑垃圾。

（5）符合上述植物种植的工艺要求。

三、庭院景观工程施工合同样本

庭院景观工程施工合同

工程名称：

工程建设地点：

合同编号：

发包方：

承包方：

签订日期：　　年　　月　　日

庭院景观工程施工合同

发包方（以下简称甲方）：

联系电话：

承包方（以下简称乙方）：

联系电话：

乙方代表：　　　　　联系电话：

委托代理人（或乙方代表）：　　　联系电话：

根据《中华人民共和国合同法》及其他有关法律、法规，结合庭院景观工程的特点，甲乙双方在平等、自愿的基础上协商一致，就乙方承包甲方的庭院景观工程（以下简称工程）的有关事宜达成如下协议：

第一条　工程概况

1.1　工程地点：

1.2　工程内容（详见附表一：庭院景观工程报价参考模板）

1.3　工程承包方式，双方商定采取下列第　　　　种的承包方式。

（1）乙方包工、包全部材料（不包含的部分材料除外，具体材料明细详见预算表，双方签字确认）；

（2）乙方单包劳务、甲方提供全部材料。

1.4　工期　　　天，从进场之日开始计算。

预计开工时间　　　年　　　月　　　日

预计竣工时间　　　年　　　月　　　日

1.5　合同价款：本合同造价为（人民币　　　　　元），

金额人民币大写：　　　　　　　　　整（详见备注）

第二条　工程设计及施工

2.1　施工图经双方签字后生效，乙方应严格按照设计施工图方案精心组织规划施工，确保工程进度及质量。

第三条　甲方的责任

3.1　委派　　　　　　为甲方代表，负责合同履行及与乙方的接洽，对材料、工程质量、工程进度进行监督检查，办理施工所涉及的各种申请批件及工程验收、变更登记手续和其他事宜。甲方其他家庭成员对工程的意见均需通过甲方代表与乙方接洽。

3.2　保证施工场地具备开工条件，保证施工所需用水、用电，并承担其费用。

3.3　协助办理施工各种进场手续。

3.4　负责协调现场各施工单位间的关系及邻居之间的关系。

3.5　若施工变更，应以书面方式通知乙方。

3.6　若确需拆改原建筑结构或设备管线，负责到有关部门办理相应的审批手续，并承担有关费用。

3.7　按合同规定向乙方支出工程款。

第四条　乙方责任

4.1　委托　　　　为乙方代表，负责合同履行，按计划要求组织施工，解决由乙方负责的各项事宜。

4.2　按甲方签审的图纸和确定的变更通知内容，结合有关规范组织施工。

4.3　注意与室内装修单位施工现场的配合工作。

4.4　在施工过程中做好施工隔离、安全防护，保护好甲方室内外设备和设施。由乙方原因产生的损失和损坏，由乙方照价赔偿。

4.5　负责施工中的成品保护。

4.6　严格执行施工规范和安全操作规范，做好安全防水防盗、环境保护等工作。施工过程中因乙方原因造成的各种安全事故、人身伤害、火险、盗抢等，由乙方承担责任。因不可抗拒（包括战争、国家政策改变、自然灾害等）原因造成的相关损失不由乙方承担责任。

4.7　按合同施工图、效果图及预算要求严格把握材料关口，按施工工艺流程和操作规范，精心组织施工，保质保量按期完成施工任务。

第五条　工程变更

5.1　工程项目及做法的变动，必须经双方协商一致，以甲方与乙方签订书面变更单为准，确定增减项目及价差后再施工，同时调整相关工程费用及工期，口头承诺或口头协议均视为无效。若甲方代表仅与乙方代表的口头协议而不愿签书面变更单，就更改施工内容所引起的一切后果，由甲方承担。

5.2　由甲方私自与乙方工人商定更改施工内容所引起的一切后果，由甲方承担；给乙方造成损失的，甲方应予赔偿。

5.3　甲方减项不能超过合同总造价的8%，减项内容乙方按照单项价格的90%和甲方折算。若减少内容已下料或施工，甲方应负责承担相关费用。

第六条　材料供应

6.1　乙方提供的材料应为符合质量要求的合格产品并满足《园林工程造价直接费》备注的品牌和规格型号，并应按时供应到现场，经甲方项目经理确认后方可使用，否则，造成的一切损失由乙方负责。由甲方供应的材料发生了质量上问题的损失，责任由甲方承担。

6.2　按合同约定由甲方提供的材料，需经乙方现场负责人验收确认乙方抽查；不符合质量要求的，应禁止使用。若甲方指定乙方已使用，对工程造成损失的，由甲方负责，并对此承担全部责任。

第七条　工期

7.1　若遇下列原因，工期顺延：

（1）甲方要求的设计变更；

（2）甲方未能按期提交施工场地；

（3）连续 24 小时遇雨或停水、停电；

（4）未按合同规定时间支付工程款项；

（5）遇不可抗拒因素；

（6）甲方同意工期顺延的其他情况。

7.2　由乙方原因不能按期开工或无故中途停工而影响工期，工期不顺延，因此造成的质量问题和损失由乙方自行负责。

第八条　工程验收

8.1　乙方应提前两日通知甲方验收，甲方应在接到通知单后一周内组织验收。如果甲方在规定时间内未能组织验收，需及时通知乙方，另定验收日期，但甲方应承认竣工日期。若甲方故意拖延验收，超出两周时间，乙方视为验收合格。

8.2　工程竣工验收后，乙方应提交工程结算单及有关资料给甲方，甲方收到上述资料十日内审查完毕，到期未提出异议的，视为同意，并在三日内结清尾款。

8.3　若未能通过竣工验收，双方应确定整改方式及时间，再次验收程序同上款。因整改原因形成和误工时间，工期不顺延。

8.4　由甲方负责购买的材料而出现的质量问题，乙方不负责保修。

8.5　因甲方原因工程价款未结清，乙方不负责保修。

8.6　验收以施工图为准、效果图作为辅助参考。

第九条　工程款支付方式

9.1　合同生效后，甲方按以下表格中的约定向乙方支付工程款。

支付次数	支付时间	支付金额（元）	占总金额（%）
第一次	合同签订时	—	50
第二次	完成工程量的 45%（完工量占预算的 45%，含已进场但未完成施工的主材部分）	—	40
第三次	完工验收合格后 10 个工作日内	—	10

第十条　质保期

10.1　硬质景观工程质保期为　　月，质保期内免费维修、更换，若为甲方人为损坏，甲备料乙方收取人工费；绿化苗木养护期为　　月，养护期内，绿化苗木需保成活（甲供苗木除外，双方另行约定），若有苗木死亡，乙方需负责更换。

第十一条　违约责任

11.1　本合同生效后甲乙双方应严格履行合同所规定的各项条款，任何一方不得擅自变更或解除合同，否则违约方将承担因此给对方造成的经济损失。

11.2　因一方原因，造成合同无法继续履行时，应及时通知对方，协商合同终止，并由责任方赔偿对方由此造成的经济损失。

11.3　甲方超过期限验收或未按合同规定付款，每超一日，按合同分期支付金额的5/1000向乙方支付逾期违约金。

11.4　乙方未按工程质量施工或合同规定时间完成工程，且无故拖延时间影响工程进度（除征求甲方同意外），每延一日，按合同总额的5/1000向甲方支付违约金。

第十二条　附则

12.1　本合同经甲、乙双方签字盖章后生效。

12.2　本合同正本一式两份，甲、乙双方各执一份。

12.3　合同履行完后自动终止。

12.4　合同附表为本合同组成部分，与本合同具有同等法律效力。

12.5　若施工报价未含工程税金，乙方提供发票时，需由甲方另行承担税金。

第十三条　其他约定条款

13.1　园外硬化部分具有实施不确定性，乙方根据甲方协调结果组织施工，合同价款最终结算金额，以预算为基础，按实际面积收方增减计算结算金额。

13.2　甲方提前告知乙方花园内埋设的小区各种管道。乙方应做好预案处理，确保工程安全及工程进度。若甲方未能告知完全，造成的损失和工期延误由甲方负责。

13.3　甲方提前告之乙方，在工程施工过程中，存在交叉作业工程时间（如空调外机安装工程），乙方应协调工程时间，保证双方正常施工。

合同附件见后文附表二"庭院景观工程施工报价参考模板"中可获知。

甲方（签字/盖章）：　　　　　　　　　乙方（盖章）：

甲方代表（签字/盖章）：　　　　　　　乙方代表（签字）：

　　　年　　月　　日　　　　　　　　　年　　月　　日

开户行：

户名：

账号：

附表一　庭院景观工程施工报价参考模板

序号	名称	规格材质（品牌、型号、规格、工艺）	单位	数量	价格组成/元				合价/元	备注
					主材	辅材	运输费	人工		
A. 施工准备										
1	施工前场地清理	施工范围内杂草、杂树、现有建筑垃圾等杂物的清理	m²							
2	施工放线	场地按图施工放样、调整及确认	m²							
3		…								
小计										
B. 基础项目										
1	平整场地	300 mm开挖厚度范围以内的场地平整	m²							
2	土方开挖	机械开挖	m³							
3		人工开挖	m³							
4	土方场地内短驳	土方场地内短驳、转运	m³							
5	土方外运	土方装车、外运	m³							
6	地坪处理	场地平整、夯实	m²							
7	碎石垫层	50 mm厚碎石垫层	m²							
8		100 mm厚碎石垫层	m²							
9	混凝土垫层	100 mm厚C20混凝土垫层	m²							
10	素混凝土基础	100 mm厚C20混凝土基础	m²							
11	素混凝土基础	150 mm厚C20混凝土基础	m²							
12	钢筋混凝土基础	100 mm厚 φ10@150钢筋单层双向，C20混凝土基础	m²							
13		150 mm厚 φ12@200钢筋双层双向，C20混凝土基础	m²							
14	砖砌墙体（零星）	120 mm厚M7.5砂浆砌体	m²							
15		240 mm厚M7.5砂浆砌体	m²							

续表

序号	名称	规格材质（品牌、型号、规格、工艺）		单位	数量	主材	辅材	运输费	人工	合价/元	备注
16	砖砌墙体（零星）	异型	120 mm厚M7.5砂浆砌体	m²							
17			240 mm厚M7.5砂浆砌体	m²							
18	粉刷找平	1:2水泥浆粉刷层		m²							
19	拆除项目	地坪拆除		m²							
20		墙体拆除		m²							
21		铺装面拆除		m²							
22		其他拆除项		m²							
23		…									
	小计										

C. 铺装、贴面项目

序号	名称	规格材质（品牌、型号、规格、工艺）		单位	数量	主材	辅材	运输费	人工	合价/元	备注
1	水泥砂浆找坡层	30 mm厚1:2水泥砂浆，找坡1%～3%		m²							
2	花岗岩（可细分地面、墙面、台阶、压顶、收边等）可细分：603#、654#、黄锈石、黄金麻、中国黑、国际蓝、花青、金山石等	烧面	厚：20 mm	m²							
3			厚：25 mm	m²							
4			厚：30 mm	m²							
5		光面	厚：50 mm	m²							
6			厚：20 mm	m²							
7		荔枝面	厚：30 mm	m²							
8		斩板	厚：30 mm	m²							
9			厚：25 mm	m²							
10	花岗岩（可细分品种）	弹石	细分规格	m²							
11		碎拼	细分规格	m²							
12		毛石围边	细分规格	m							

续表

序号		名称	规格材质（品牌、型号、规格、工艺）	单位	数量	价格组成/元				合价/元	备注
						主材	辅材	运输费	人工		
13	莱姆石（可细分地面、墙面、台阶、压顶、收边等）	罗曼米黄	细分规格、铺法	m²							
14		西班牙秋黄	细分规格、铺法	m²							
15		布鲁塞尔灰	细分规格、铺法	m²							
16		西班牙黑色	细分规格、铺法	m²							
17		西班牙海洋蓝	细分规格、铺法	m²							
18		始祖青小冰裂纹	细分规格、铺法	m²							
19	大理石	金线米黄	细分规格	m²							
20		爵士白	细分规格	m²							
21		金碧辉煌	细分规格	m²							
22	园艺砖	咖啡网纹	细分规格	m²							
23		透水砖	细分规格、颜色、铺法	m²							
24		黏土烧结砖	细分规格、颜色、铺法	m²							
25	文化石	较厚	龟裂文（普通）	m²							
26		较薄	龟裂文（特级）	m²							
27		锈石	马赛克（普通）	m²							
28		五彩	马赛克（特级）	m²							
29		锈色	马赛克	m²							
30		深灰色	50 mm×200 mm长条形凹凸	m²							
31		深灰色	50 mm×200 mm长条形凹凸	m²							
32		青石板碎拼	青石板碎拼	m²							
33		深灰色	青石板	m²							
34	仿古砖	仿古瓷砖	细分规格、铺法	m²							

续表

序号	名称			规格材质（品牌、型号、规格、工艺）	单位	数量	价格组成/元				合价/元	备注
							主材	辅材	运输费	人工		
35	青砖	地面		300 mm×300 mm	m²							
36	青砖	地面		400 mm×400 mm	m²							
37	青砖	地面		500 mm×500 mm	m²							
38	小青砖	墙面		机械版	m²							
39	小青砖	墙面		普通版	m²							
40	草坪砖	荷兰砖		100 mm×200 mm	m²							
41	草坪砖	八字砖		带孔	m²							
42	马赛克	玻璃类		玻璃类	m²							
43	马赛克	不锈钢类		不锈钢类	m²							
44	马赛克	石材类		石材类	m²							
45	沙砾			φ12～20 mm、厚30 mm	m²							
46	乳石	散置		φ20～30 mm、厚30 mm	m²							
47	乳石	散置		φ30～50 mm、厚30 mm	m²							
48	水洗石	普通（细石子）		φ5～10 mm、厚20 mm	m²							
49	水洗石	抛光	黑白	φ12～20 mm、厚20 mm	m²							
50	水洗石	不抛光	五彩	φ12～20 mm、厚20 mm	m²							
51	零星项目	勾缝		水泥或专业勾缝剂沟缝	m²							
52	零星项目	弧形PE隔草板		PE隔草板	m							
53	零星项目	不锈钢边带		5 mm厚304不锈钢边带、定制、损耗	m							
54	…											
	小计											

续表

D. 木制项目

序号	名称		规格材质（品牌、型号、规格、工艺）	单位	数量	价格组成/元				合价/元	备注
						主材	辅材	运输费	人工		
1	大型防腐木用料	菠萝格	印尼/丰洲	m³							
2		柚木		m³							
3		芬兰木	进口/国产	m³							
4		柳桉木	红柳桉/黄柳桉	m³							
5		南方松	美国	m³							
6		章子松CCA	俄罗斯	m³							
7		炭化木	樟子松/花旗松/南方松	m³							
8		人工费		m³							
9	生态木铺装/构架	塑木	细分品牌、规格、型号	m²/m³							
10		竹木	细分品牌、规格、型号	m²/m³							
11		铺装	基层处理，如架空等	m²							
12			龙骨，细分规格、做法	m²							
13			面板，细分规格、做法	m²							
14		木格栅	15 mm×50 mm交叉	m²							
15			25 mm×50 mm木榉	m²							
16	防腐木（细分品种）	木扶手	立柱120 mm×120 mm，高850 mm	m							
17		木栏杆、座凳	立柱100 mm×100 mm，高1200 mm等细分	m							
18			立柱120 mm×120 mm，高1200 mm等细分	m							
19			立柱100 mm×100 mm，高850 mm以下等细分	m							
20			美人靠，细分规格	m							
21		立柱	100 mm×100 mm、600 mm	根							

续表

序号		名称	规格材质（品牌、型号、规格、工艺）	单位	数量	价格组成/元				合价/元	备注
						主材	辅材	运输费	人工		
22	防腐木（细分品种）	立柱	100 mm×100 mm、1200 mm	根							
23			120 mm×120 mm、1200 mm	根							
24			120 mm×120 mm、1500 mm	根							
25		花架	立柱150 mm×150 mm、梁80 mm×150 mm、（间距）350 mm	m²							
26		木栅栏	高300 mm等细分	m							
27		杉木柱	高低平均H=200 mm等细分	m							
28		木桥	1000 mm×1500 mm内	座							
29		拱门	立柱100 mm×100 mm、高2200 mm	个							
30		秋千		个							
31		大角亭	双层、详细描述	个							
32			单层、详细描述	个							
33		四亭子	双层、详细描述	个							
34			单层、详细描述	个							
35	木油	防腐木专用油漆	细分品种、品牌	m²							
36			…								
			小计								
E. 玻璃项目											
1	玻璃	钢化玻璃	8 mm、细化颜色、安装方式	m²							
2			10 mm、细化颜色、安装方式	m²							
3			12 mm、细化颜色、安装方式	m²							
4		夹胶钢化玻璃	5+1.14PVB+5 mm、细化颜色、安装方式	m²							
5			6+1.14PVB+6 mm、细化颜色、安装方式	m²							

续表

序号	名称	规格材质（品牌、型号、规格、工艺）	单位	数量	主材	辅材	运输费	人工	合价/元	备注
					价格组成/元					
6	玻璃	夹胶钢化玻璃 8+1.52PVB+8 mm，细化颜色，安装方式	m²							
7		...								
	小计									
F. 水景项目										
1	人工土方开挖		m³							
2	机械土方开挖		m³							
3	开挖土方场内短驳		m³							
4	开挖土方装车、外运		m³							
5	池底原土夯实	池底面积	m²							
6	干铺碎石	50 mm厚碎石垫层	m²							
7	混凝土垫层	80 mm厚C20混凝土垫层	m²							
8	钢筋混凝土水池（含净化水池）	200 mm厚 φ12@200双层双向，C25S6混凝土	m³							
9	基础粉刷找平	1:2水泥砂浆粉刷层	m²							
10	防水	德高K11柔性水泥基防水三遍	m²							
11	防水保护	1:2水泥砂浆抹灰	m²							
12	砖砌净化水池隔墙（含基座造型）	100 mm厚砖砌砌体墙体、挂网抹灰、基座造型	m²							
13	底水、面水、中水、清水、过水 排污管	蓄管160 mm、110 mm、75 mm，过水管PVC	项							
14	排污底座架	现场尺寸定做	个							
15	生化过滤毛刷	长度15000 mm	支							
16	净化循环水系统 细菌物		kg							
17	生化棉		张							
18	净化循环水水泵	赤板，质保三年	台							

续表

序号	名称		规格材质（品牌、型号、规格、工艺）	单位	数量	价格组成/元				合价/元	备注
						主材	辅材	运输费	人工		
19	净化循环水系统	排污泵		台							
20		氧气泵		台							
21		杀菌灯	UHCT8-30 W，潜水式	支							
22		底板盖板	花岗石	块							
23		生化菌培养		项							
24		人工费	净化布管、材料安装、水质调试、人工费	项							
25		假山水泵		台							
26		不锈钢盖板	700 mm×700 mm 304不锈钢盖板	块							
27		净化技术费		负							
28		…									
	小计										
				G. 假山、置石项目							
1	泰山石		细分等级、产地	t							
2	黄腊石		细分等级、产地	t							
3	太湖石		细分等级、产地	t							
4	英德石		细分等级、产地	t							
5	黄石		细分等级、产地	t							
6	斧劈石		细分等级、产地	t							
7	千层石		细分等级、产地	t							
8	灵璧石		细分等级、产地	t							
9	馒头石		细分等级、产地	t							
10	云片石		细分等级、产地	t							

续表

序号	名称		规格材质（品牌、型号、规格、工艺）	单位	数量	价格组成/元				合价/元	备注
						主材	辅材	运输费	人工		
11	朔石		玻璃钢	m²							
12	石笋		细分等级、产地	m							
13	安装费		人工、机械、辅材	t							
14	艺术配置费		假山师艺术指导费	t							
15			…								
小计											

H. 砖雕、石雕项目

序号	名称		规格材质（品牌、型号、规格、工艺）	单位	数量	价格组成/元				合价/元	备注
						主材	辅材	运输费	人工		
1	砖雕	人物	深：20 mm/400 mm×400 mm	m²							简易人物雕刻
2			深：30 mm/400 mm×400 mm	m²							
3			深：20 mm/500 mm×500 mm	m²							
4			深：30 mm/500 mm×500 mm	m²							
5		山水	深：20 mm/400 mm×400 mm	m²							简易山水雕刻
6			深：30 mm/400 mm×400 mm	m²							
7			深：20 mm/500 mm×500 mm	m²							
8			深：30 mm/500 mm×500 mm	m²							
9		字体	回纹　框	m							宽8 cm内
10			单块　500 mm×500 mm	块							
11			门扁　600 mm×1200 mm内	块							
12			扇型　半平方米内	块							若资金，则每字增加___元
13	石雕		细化材质、规格、雕刻形状、深度、要求等	m²							
14			…								
小计											

续表

序号	名称		规格材质（品牌、型号、规格、工艺）	单位	数量	价格组成/元				合价/元	备注
						主材	辅材	运输费	人工		
I. 装饰小品											
1		陶罐	细化规格、形状等	个							
2		喷水龙头	细化材质、规格、形状、要求等	个							
3		分体石盆	高700～800 mm	套							
4		艺术龙头	细化材质、形状等	个							
5		日式净手钵	细化材质、规格要求等	做							
6		石桥	1500 mm内	座							
7		石桥	2500 mm内	座							
8		装饰花架	铁艺或防腐木	个							
9		装饰花架	木花架	个							
10		…									
小计											
J. 水电系统灯具类											
1	给水排水	水管预埋	含挖沟深400 mmPPR管 φ16～32 mm	m							
2		排水管	含挖沟深400 mmPVC管 φ50～100 mm	m							
3		水泵	细化品牌、规格、型号	个							
4		水龙头	细化品牌、规格、型号	个							
5		快接阀	细化品牌、规格、型号	个							
6		地漏	细化品牌、规格、型号	个							
7		电缆线、导管及安装VV线	3×1.5VV线、PVC线管、开挖、埋设	m							
8	系统	配电箱	人工费、辅料包含在系统内、细化品牌、型号、规格	个							
9		空开		个							

续表

序号	名称		规格材质（品牌、型号、规格、工艺）	单位	数量	价格组成/元				合价/元	备注
						主材	辅材	运输费	人工		
10	系统	开关		个							
11		插座		个							
12		灯具安装及基座混凝土		项							
13		庭院灯		个							
14		壁灯	细化品牌、规格、型号	个							
15		太阳能灯	细化品牌、规格、型号	个							
16		草坪灯	细化品牌、规格、型号	个							
17		埋地灯	细化品牌、规格、型号	个							
18		射树灯	细化品牌、规格、型号	个							
19		水底灯	细化品牌、规格、型号	个							
20		灯带	细化品牌、规格、型号	个							
21		石灯	细化品牌、规格、型号	个							
22		其他灯具	细化品牌、规格、型号	个							
23		…									
		小计									

K. 绿化类

序号	名称	规格/cm			单位	数量	价格组成/元				合价/元	备注
		高度H、干径D、蓬径P					苗木	运输	种植	养护		
1	特选树				棵							
2	造型树				棵							
3	乔木				棵							
4					棵							

续表

序号	名称	规格材质（品牌、型号、规格、工艺）	单位	数量	价格组成/元				合价/元	备注
					主材	辅材	运输费	人工		
5	灌木		棵							
6	球类		棵							
7	花境		m²							
8	地被		m²							
9	草坪		m²							
10			m²							
11	…									
	小计									

L. 其他措施类

1	清洁（施工过程中）	不含垃圾外运	m²							
2	耗材	机具、工具、零设	m²							
3	材料搬运		T							
4	成品保护		m²							
5	未预估到费用	按实结算	项							
6	完工垃圾外运	暂估量（可按时结算）	车							
7	…									
	小计									
	工程直接费									

M. 综合取费类

序号	名称	取费标准及内容	合价/元	备注
1	专项工程配套管理费	若庭院工程中有部分专项工程由专业公司进行专项施工，按专项工程实际造价的10%加收作为管理费		由乙方与甲方共同参与甄选多家专业商家后按实结算
2	植物成活风险金	大型苗木、造型树、特选树等由甲方直接购买或甲供的，按购买费用的30%加收植物成活风险金。栽种施工费、利润		

续表

序号	名称	规格材质（品牌、型号、规格、工艺）	单位	数量	价格组成/元				合价/元	备注
					主材	辅材	运输费	人工		
3	保险费	工程直接费×2%								
4	施工管理成本	施工管理费用（项目经理+施工员+材料员）：工程直接费×6%								
5	利润	工程直接费×25%								
6	设计费	设计师100/㎡，主案设计师120/㎡，主任设计师150/㎡，总设计师300/㎡								适用于未签订设计合同的项目
7	税费	（工程直接费+专项工程配套管理费+植物成活管理风险成本+保险费+施工管理成本+利润+设计费）×6%，本项为代收项									
	总 价 合 计 （元）									

1. 以上报价不含税金和小区物业任何名目管理费和保证金（以上报价不含税费，若甲方需要乙方提供发票，另行支付工程总价6%的税金）

2. 在施工过程中，甲方要求改动已施工好的半成品或成品的，必须承担材料和人工费。

3. 设计图纸若与造价不符的，以本造价为准。

4. 甲方需按合同约定付款，若未按时付款，工期相应顺延，并承担相应的违约责任，甲方在付完尾款后，乙方交付使用并承担合同规定的服务。

5. 施工中若有增加项目或改动设计，甲方签字认可并支付清款项后乙方能施工，工期相应顺延。

6. 施工工期同严格按本预算执行，非书面承诺一律不执行。本预算及施工图纸一并作为合同附件，同具效力，请用户仔细阅读。

甲方签字确认：

乙方：

乙方代表：

附表二 庭院景观工程施工报价参考模板

一、提纲

序号	项目名称	工艺	备注
（一）	施工准备阶段	（1）施工放线	
		（2）场地清理	
		（3）拆除树木移植	
（二）	施工阶段	（1）场地平整（回填、外运、平整）	
		（2）给排水、光、音、喷灌（饮用水）挖沟布线	
		（3）水系处理（驳岸、假山、净化系统、循环系统）	
		（4）地面铺装（散水坡处理参考）	
		（5）景墙、院墙、种植池	
		（6）木制作	
		（7）灯具、音响、喷灌、取水等安装	
		（8）雕塑、铁艺围栏大门、挂饰、成品小景观、干景等私人定制品购置安装	
		（9）种植（苗木、草坪、地被、成品花卉、蔬菜）	
		设计费（适用于未签订设计合同项目）	
（三）	费用部分	竣工清理费	
		管理费	
		成品保护费	
		上楼费	

二、细则（取费标准）

（一）施工准备阶段

序号	项目名称	单价	工艺及取费标准	备注
1	施工放线		定位放线、水平找平、定标高、下桩号	
2	场地清理		一级清理、简单清理垃圾杂草并外运	

续表

序号	项目名称		单价	工艺及取费标准	备注
2	场地清理			二级清理，垃圾杂草较多，需简单人工平整垃圾并外运	
				三级清理，垃圾杂草较多，需机械、人工相结合清理平整垃圾并外运	
				原有草坪清理根系清理垃圾外运	
3	破拆（包括垃圾外运）	砖墙		以24砖墙为基数计算，含灰土层（以10 cm厚度为单位基数计算）	
		混凝土破拆		素混凝土拆除，包括墙体面层，垃圾外运	
				钢筋混凝土拆除（以15 cm厚度为单位基数计算）	
				钢筋混凝土楼梯拆除（展开面积计算）	
				钢筋混凝土基础拆除	
4	院内树木移植（包括土球、种植、防护、养护按季节定）成活率			假山石破拆（假山体积外尺寸最长×最宽×最高计算）	
		木制作破拆		木廊架、亭子破拆。价格以现场情况调整	
		乔木类（按米径）		按树木标准规格胸径5 cm计算（不足5 cm的按5 cm计算），每增1 cm加价35%	
		花灌木类（按地径）		按树木标准规格胸径5 cm计算（不足5 cm计算），每增1 cm加价50%	
		球类		按树木标准规格冠径80 cm计算（不足80 cm的按80 cm计算），每增20 cm加价35%	
		小灌木		按树木标准规格高度40 cm计算（不足40 cm的按40 cm计算），每增10 cm加价35%	
（二）施工阶段					
1	场地平整	土方回填		平地庭院回填种植土，二次搬运30 m以内每增加20 m（不足20 m按20 m计）加30%	
				平地庭院回填普通土，二次搬运20 m以内每增加20 m（不足20 m按20 m计）加30%	
		余土外运		平地庭院外运土30 m以内每增加20 m（不足20 m按20 m计）加30%	
		路基、平台基层		平整土地机械找平	
				平整土地人工找平	
		场地平整		机械找平种植物及硬质景院的平整（地被、花灌木、乔木）。根据场地大小等情况判断是否能进入施工车辆	
				人工找平种植物及硬质景院的平整（地被、花灌木、乔木、草坪）	
		草炭土		土壤改良，增加草炭土，每平方米用一袋	
		蚯蚓粪		有机肥料，5~8 m²用一袋，3~4 cm厚	

续表

序号	项目名称		单价	工艺及取费标准	备注
2	给水系统	挖沟		挖沟技术要求地面以下深40 cm，沟宽30 cm	
		管材管件铺料		主材为PPR φ25冷水管及相配套的塑管件，10 m为起算点（不足10 m按10 m计）	
		安装费		按照图纸及施工技术要点要求进行安装，10 m为起算点（不足10 m按10 m计）	
		管沟回填并夯实		分两步进行夯实	
		阀门井		内径40 cm×40 cm，砖砌，井内抹灰出光，四周收口，加盖钻孔大理石井盖	
		阀门、水嘴管件		价格参照主材表	
3	排水系统	挖沟		要求地面以下深40 cm，沟宽40 cm。要求3‰~5‰的坡度，转角处增加检查井	
		管材管件铺料		主材为PVC实壁φ110排水管及相配套的管件，10 m为起算点（不足10 m按10 m计）	
		安装费		按照图纸及施工技术要点进行安装，10 m为起算点（不足10 m按10 m计）	
		管沟回填并填实		分两步进行填沙夯实	
		检查井		内径40 cm×40 cm，砖砌，井内抹灰出光，四周收口，加盖钻孔大理石井盖	
		雨水检查井改造		砖砌，井内抹灰出光，四周收口	
4	自动喷灌系统	管道参考给水系统			
		庭院用喷头及安装		喷灌直径范围6 m	
5	供电（灯具、开关、插座、配电箱）	挖沟		要求地面以下深40 cm，沟宽30 cm，与给水管道及强弱电管道间隔不得低于20 cm	
		布线包含穿线管及管件，接线盒、电工用胶带、人工费等	两相2.5 mm²铜线		
			两相4 mm²铜线	插座为大功率	
			两相6 mm²铜线	转角时必须使用弯管弹簧	
			三相四线6 mm²铜线		
			配电箱（单相五路以内）	每增加一路增加10%	
			配电箱（三相四线五路以内）	每增加一路增加10%	
5	供电（灯具、开关、插座、配电箱）	布线包含穿线管及管件，接线盒、电工用胶带、人工费等	防水开关、插座		
			遥控器总成	参考电路	
6	音响、背景音乐	挖沟		参考电路	
		管沟回填并夯实		参考给水系统	

续表

序号		项目名称	单价	工艺及取费标准	备注
6	音响、背景音乐	穿管布线		参考电路（含人工和主材费用）	
		音响、功放		甲方自行考虑	
7	水系基础处理	挖土方并外运		人工挖松土并外运	
				人工挖坚土并外运	
				机械挖松土、人工清理整形（土方量在10 m³以上能用机械的场地）	
				机械挖坚土、人工清理整形（土方量在10 m³以上能用机械的场地）	
		素土夯实		此价格是一步计算的价格，按30 cm一步计算（不足30 cm按30 cm计）	
		3∶7灰土		此价格是一步计算的价格，按20 cm一步计算（不足20 cm按20 cm计）	
		素水泥砂浆防护层		3 cm厚为计算基数	
		支模板		木模板：采用8 mm厚的木胶板，木方间距不大于45 cm（含人工费、材料费、辅材费）	
				钢模板：含租赁费、人工费、辅材等	
				砖模板：一般在土质松软、地质交差的地段，作为外模使用	
		预埋电路给排水路		参考供电、给水排水系统计费	
		池塘净化系统		含专用泵、净水器及配件（8 m³以内安装一套净水器，8 m³以上需多加一套）	
				含专用泵、净水器及配件（15 m³以内安装一套净水器，15 m³以上需多加一套）	
		安放池		安装费	
				40 cm×40 cm×40 cm，无盖，放置在隐蔽处	
				80 cm×80 cm×90 cm，无盖，加盖防腐木盖	
		钢筋		正常使用ϕ8 mm的螺纹钢筋，单层间距15 cm，钢筋搭接30 cm	
		钢筋		人工绑扎费、搬运费、辅材费等	
		混凝土浇筑		采用C25商品混凝土加防水渗剂，气温低于5 ℃时添加早强剂或防冻剂，7 m³以上施工场地允许采用商混，低于7 m³现场搅拌	
				人工搅拌C25（含搅拌机械费、人工费）	
				人工浇筑、震动、搬运费	
				震动机械费	

续表

序号	项目名称	单价	工艺及取费标准	备注
7	水系基础处理			
	拆模板	木模板人工费、搬运费、运费		
		钢模板人工费、搬运费、运费		
	混凝土养护	草苫、棉毡覆盖		
	找平层		拆模板后找平，1~2 cm厚。1:3水泥砂浆	
	丙纶布防水层		水泥加防渗剂加胶搅拌，再用丙纶防水布	
	防水保护层		防水后保护，1~2 cm厚，1:3水泥砂浆	
8	假山、驳岸、池壁处理			
	灵璧产的龟纹石、千层岩	石材单价	立方米计算的方法是假山体最长×最宽×最高。最低3 m³，最高。（不足3 m³按3 m³计）	
		人工费，包括专业假山师傅、瓦工、普通工人等。（不足3 m³按3 m³计）		
		吊装费，包括装卸费		
		辅材：水泥砂浆、铁丝网、水管水路等，不包含泵		
	泗水、临朐产龙鳞石、龟纹石北、太湖石	石材单价	立方米计算的方法是假山体最长×最宽×最高。最低3 m³，最高。（不足3 m³按3 m³计）	
		人工费，包括专业假山师傅、瓦工、普通工人等。（不足3 m³按3 m³计）		
		吊装费，包括装卸费		
		辅材：水泥砂浆、铁丝网、水管水路等		
	卵石	φ2~3材料费、运费、装卸、挑选费，每平方米用量0.12 t		
		φ2~3人工费		
		φ2~3辅助材料费		
		φ3~5材料费、运费、装卸、挑选费，每平方米用量0.18 t		
		φ3~5人工费		
		φ3~5辅助材料费		
		φ8~10材料费、运费、装卸、挑选费，每平方米用量0.22 t		
		φ8~10人工费		
		φ8~10辅助材料费		
		φ1~20材料费、运费、装卸、挑选费，每平方米用量0.32 t		
		φ15~20人工费		

续表

序号	项目名称		单价	工艺及取费标准	备注
8	假山、驳岸、池壁处理	卵石		φ15~20辅助材料费	
				φ25~45材料费、运费、装卸、挑选费，每平方米用量0.45 t	
				φ25~45人工费	
				φ25~45辅助材料费	
		马赛克		A级材料费、运费、装卸	
				A级人工费	
				A级辅助材料费	
				B级材料费、运费、装卸	
				B级人工费	
				B级辅助材料费	
				C级材料费、运费、装卸	
				C级人工费	
				C级辅助材料费	
		自然石板		3~5 cm厚材料费、运费、装卸	
				人工费	
		自然石板		辅助材料费	
				人工勾缝	
		文化石		碎玉、锈斑岩等材料费、运费、装卸	
				人工费	
				辅助材料费	
				人工勾缝	
		大理石贴面		材料见常用主材明细表（一）石材	
				人工费	
		大理石贴面		辅助材料费	
		大理石压顶直线		材料见常用主材明细表（一）石材	

续表

序号	项目名称		单价	工艺及取费标准	备注
8	假山、驳岸、池壁处理	大理石压顶直线	人工费	材料见常用主材明细表（一）石材。长度按照外沿长尺寸计算	
			辅助材料费		
		大理石压顶异型	人工费	需要现场下大样、现场修整微加工	
			辅助材料费		
9	地面铺装	素土夯实		此价格是一步的价格。按30 cm的按30 cm计算，不足30 cm的按30 cm计算	
		3:7灰土		此价格是一步的价格。按15 cm的按15 cm计算，不足15 cm的按15 cm计算	
		10 cm厚垫层		以10 cm厚为基数计算。最低不能小于8 cm	
		面层	辅助材料费，所有主材铺装统一取费		
			常规铺装2~5 cm大理石人工费，斜铺另加人工费10元/m²。		
			常规铺装5~8 cm大理石人工费，斜铺另加人工费10元/m²。		
			常规铺装8~10 cm大理石人工费，斜铺另加人工费10元/m²。		
		面层	勾缝、斜铺铺装2~5 cm大理石人工费		
			勾缝、斜铺铺装5~8 cm大理石人工费		
			勾缝、斜铺铺装8~10 cm大理石人工费		
			自然石、大理石、文化石、碎玉等碎拼人工费		
			瓷砖常规铺装		
			户外仿古砖勾缝斜铺铺装		
			卵石面层参考水系标准。常用 φ2~3和 φ3~5的鹅卵石		
			异型、拼花的铺装见石材图纸，具体定制		
		各种砖的铺装	正常铺装（人工费）		
			席纹铺装（人工费）		
10	散水坡	基础	参考地面铺装基础		
		面层	参考地面铺装面层		

续表

序号	项目名称	单价	工艺及取费标准	备注
10	散水坡	伸缩缝	技术要求：1 cm宽伸缩缝，建筑物四周留伸缩缝，每6 m长留一道伸缩缝，在建筑物拐角处留伸缩缝。黄沙灌至1 cm处，995结构胶封口	
11	路沿石或镶边	各种砖勾缝式路沿石	主材见常用主材表（一）	
			人工安装费、辅材费、机械费等，以12 cm厚度为计算基数等比例增减	
		大理石或花岗岩	人工安装费、辅材费、机械费等，以10 cm厚度为计算基数等比例增减	
		素土夯实	此价格是一步到位的价格。按30 cm的按30 cm计算，不足30 cm的按30 cm计算	
		3:7灰土	此价格是一步到位的价格。按15 cm的按15 cm计算，不足15 cm的按15 cm计算	
		10 cm厚混凝土垫层	以10 cm厚为基数计算。最低墙不能小于8 cm	
		普通红砖基础	以24砖墙为基数计算。其他墙体折合成24墙计算	
		清水砖墙嵌缝	以24砖墙为基数计算。其他墙体折合成24墙计算	
12	景墙院墙种植池	墙体贴面	主材见常用主材表（一）；石材饰面湿贴人工费；干挂人工费；瓷砖人工费	
		墙体贴面	机械损耗，辅材费等	
		院墙、景墙压顶可参考木箱做法		
		排蓄水源参考木箱做法		
13	木制作	花池系列	面板30 mm×120 mm，龙骨40 mm×60 mm为标准计费基数。按板材展开面积计算，特殊异型造型加收25%	
			排蓄水层，包括蓄水板、土工布、黄沙层	
			回填土，含轻质土改良	
		地板（地台）系列	面板30 mm×120 mm，龙骨40 mm×60 mm为标准计费基数。刷户外耐候木油两遍，增加一遍加收25元/m²。立墙面装饰每平方米加收50元。地台每抬高100 mm计算。地台每抬高100 mm加收50元/m²，不足100 mm按100 mm计算，异型上浮20%	
			加厚面板40 mm×120 mm，龙骨40 mm×60 mm。地台每抬高100 mm加收80元/m²，不足100 mm按100 mm计算。刷户外耐候木油两遍，防腐木为自然木材，开裂不会超过5 mm，异型上浮20%。增加一遍加收25元/m²。防腐木为自然木材，开裂不会超过5 mm	
		花架系列（待议）	150 mm立柱，1800 mm宽以内，双层或异型上浮15%	
			200 mm立柱，1800 mm宽以内，双层或异型上浮15%	

续表

序号	项目名称	单价	工艺及取费标准	备注
13 木制作	云角		自制或成品云角	
	美人靠、坐凳（见施工图）		楼面板50 mm厚，宽400 mm为标准尺寸。美人靠扶手70 mm×5C mm，30 mm×50 mm为靠背中间距150 mm	
	栏杆系列		纵横式栏杆交叉式栏杆，立柱100 mm×100 mm或120 mm×120 mm两种规格。高度（80 mm～100 mm）增加或减少同比例加减价格	
			异型加工100元/m	
	栅栏系列（全体木质见施工图）		高度1200 mm（高度安柱顶高度计算），横40 mm×60 mm，竖栏20 mm×80 mm，立柱100 mm×100 mm。隔缝间隙为60～100 mm，小于60 mm按增加15%	隔缝
			加重栅栏，高度1200 mm（高度安柱顶高度计算）	
			竹制栅栏（密）	
			竹制栅栏（轻）	
	屏风系列		卡扣式，30 mm×50 mm条，40 mm×60 mm框。异型制作按每平方米20%上浮	
			网格式，20 mm×40 mm条，40 mm×60 mm框。异型制作按每平方米20%上浮	
	凉亭系列		四角亭2600 mm×2600 mm。立柱150 mm×150 mm，加大同比例上浮，不含地面，坐凳、美人靠、云角装饰件等。亭顶部双层防腐木板，加防水处理	
	凉亭系列		六角亭2600 mm×2600 mm立柱150 mm×150 mm，加大同比例上浮，不含地面，坐凳、美人靠、云角装饰件等。亭顶部双层防腐木板，加防水处理	
	木门系列		院门，门框1200 mm×1200 mm，门边框50 mm×70 mm，内嵌3C mm×120 mm面板。不足1 m²的安1 m²计算，量方式按最大外尺寸。异型加工上浮30%	
			中式定制内门，特殊定制按市场价上浮30%	
			中式定制外门，特殊定制按市场价上浮30%	
	阳光房系列（待议）		木制框架：按展开面积计算。不含地面铺装及内装	
			钢制框架：展开面积计算，包含立面镀锌方钢（常用规格50 mm×100 mm或120 mm×120 mm，设计师可根据实际情况配比使用），立面钢化中空玻璃60 mm×120 mm或100 mm×100 mm或断桥铝平开立倒，顶面6+6加胶，肯德基门、断桥铝平开立倒，顶面6+6加胶，顶面6+6加胶	
			阳光房顶面保温吊顶全遮光吊顶（桑拿板）沥青瓦面加和单价	
			阳光房钢架加铝板装饰加收铝板面积和单价	
	木楼梯			
14 音光水安装	硬质地面上安装灯具或音响		人工费	
			辅材费	
	木制作上安装灯具或音响		人工费	

续表

序号	项目名称		单价	工艺及取费标准	备注
		木制作上安装灯具或音响	辅材费		
		绿地上安装灯具或音响	人工费		
			辅材费		
		庭院灯安装	人工费		
			辅材费		
		水下灯安装	人工费		
			辅材费		
14	音光水安装	开关、插座	人工费、辅材费		
		庭院用水泵安装	人工费、辅材费		
		标准水嘴	人工费		
		标准水嘴	辅材费		
		万能接头	人工费		
			辅材费		
		喷灌头	人工费		
			辅材费		
		水管保温	人工费，不够1 m按1 m计算		
			辅材费，不够1 m按1 m计算		
15	拖布池	各种砖砌或竹制加配托右设计师根据难易程度取费			
		铜质加长水龙头	不含铜质水龙头		
		不锈钢质水龙头	不含铜质水龙头		
		铜质加长水龙头	铜质加长水龙头		
		不锈钢水栓	不含铜质水龙头		
16	操作台	规则	规则是700 mm宽（台面），800 mm高，50 mm厚光面鲁灰台面，内贴卫生瓷		
		异型	异型是700 mm宽（台面），800 mm高，50 mm厚光面鲁灰台面，内贴卫生瓷		
17	其他取费	竣工清理费	每户最低不低于_____元		

续表

序号	项目名称		单价	工艺及取费标准	备注
17	其他取费	管理费	按照项目位置区分，总造价的8%~12%		
		设计费	私人定制		
			设计总监		
			首席设计师		
			主任设计师		
		成品保护费	按硬质景观面积计算，立体景观按投影面积计算。		
		上楼费	电梯按一层计算，其余按实际层数计算[土方另算，按100/（m²/层）]		

第五章　工程管理与施工工序规范指导意见

一、总则

项目管理规范是项目施工管理的标准守则，是为了保障公司项目施工标准化建设能进一步落地实施。本章涵盖了公司现阶段项目施工中所需要执行的规范和要求，相信在所有行业人的努力和践行下，项目管理规范一定会成为行业品质的标杆和标尺，为行业未来护航，为行业发展提供保障和标准。

二、材料分类及管理办法

（一）材料分类

按公司采购的主材（A类材料）和项目部采购的辅材（B类材料）进行分类管理。

1.A类材料（由公司采购的主材）

软景材料：乔木、灌木、藤本植物、草坪、花卉等。

硬景材料：大理石、花岗石、文化石、砂岩类、透水砖、烧结砖、标砖、配砖、景观石、钢筋、混凝土、水泥、木材（防腐木）、净化材料等。

水电安装材料：电缆电线、给水排水管材、灯具等。

外协材料：铝门、栏杆、玻璃、钢构、雕塑（签分包合同）。

设施设备类：搅拌机、空压机、小型吊装设备、加料类（项目部谁使用谁维护、维修）。

2.B类材料（由项目部采购的辅材）

软景辅材：种植土、杉杆、草绳、钉子、薄膜、遮阴网、彩条布、土工布、生根成活类药品、病虫防治类药品、腐殖土、肥料、常用园林小工具等。

土建材料：河沙、石子、石粉、片石等。（可调项目）。

水电安装：胶水、开关、接头、胶布、砂纸、木螺钉等。

A类材料和B类材料根据不同项目实际情况可适当调整，数量较少的主材也可调整为B类材料，数量特别大的辅材也可调整为A类材料，项目材料类型一旦确定，项目部应严格按材料管理办法执行。

（二）材料管理办法

第一条　材设部是公司材料管理的主管部门，负责本办法实施过程的指导和监督，负责对工程项目物资管理综合考评，负责主要材料（A类材料）采购及材料资金支付的实施、管理、控制，负责对涉及物资供应商的评价、选择以及物资的组织供应活动，负责项目材料计划、库房材料管理的检查、审核和监督。辅助材料及零星材料（B类材料）原则上由材设部规定指导价格，项目部自行实施采购管理。

第二条　工程材料的采购根据各项目与公司合同约定的材料类型（A、B类材料），以及公司材设部材料的分类等确定合理的采购方式。材料的采购需严格按照公司采购流程执行（详见采购管理办法建议），由项目部按计划流程（项目部编制材料计划→项目经理签字→工程部签字→成控部签字→分管领导签字→提交给材设部）提出材料申购计划，交由材设部审核并确定采购方式执行采购。

第三条　依据工程成本计划及施工进度计划，由项目部编制工程材料使用总计划及分期计划，材料资金使用总计划及分期计划，并交材设部和成控部进行审核。在施工过程中因设计变更及不可抗力因素导致的施工主要材料（A类材料）数量增减或种类、规格变化应及时上报材设部和成控部，变更部分项目部应及时办理甲方书面认可或者签字。所有材料计划应按照公司统一格式正确反映材料名称、品牌、规格型号、数量及使用部位，并按第二条计划流程完成会签。

第四条　材料采购合同原则上统一执行公司材料采购合同范本。合同的签订须严格按照经济合同审批流程执行完成合同会签。

第五条　材料质量控制：材料员按照材料申购计划进行采购，采购回来的材料必须符合相关技术标准和规范，符合国家十项强制性标准及相关验收标准，材料应100%合格。严禁以次充好或者擅自更换品牌、型号。若发现采购回来的材料不合格并造成损失，造成的损失由材料员负责。

第六条　材料验收：材料的验收必须有甲方代表、项目部负责人、库管员、资料员共同参与。共同验收质量合格后，由参与人员及送货人共同签字确认，库管员签收入库，做好入库出库台账。如果有质量争议，则需通知材料员和供货商到场，协同现场负责人及时做出处理。各批次到场材料按要求备齐合格证、检疫证（外地材料）、检验报告等相关资料，资料员做好相关资料收集情况记录，若资料不齐则需补齐，资料才能办理货款结算。

第七条　材料保管：材料经库管员验收入库后要分类堆码整齐，对到场的植物应及时组织栽植，并根据实际情况及时采取保水、遮阳、修枝或假植等必要的防护措施。若人为原因保护不到位或者栽植不及时造成植物损失的，对项目部罚款500～1000元/次，并赔偿相应材料损失。对钢筋等易产生氧化的预应力构件采取必要的防腐措施，水泥、石灰等遇水化合物应做到干燥通风存放，化学物品的存放应符合国家标准，并标识清楚，账卡相符。入库材料要做好防潮、防火、防盗工作，出库材料需做好登记工作。若发现由材料管理不严，造成材料浪费或有不安全因素的，对项目部进行500～1000元/次罚款。

第八条　项目部应按公司发放的表格要求建立工程材料成本台账和材料领料单制，领料单要由领料员（各班组指定人员）签字，工长签字。严禁项目部先领料后补填领料单。

第九条　材料报账：按材料费用报销流程办理。每月25—30日前上报本月项目材料管理台账和资金支付计划表。台账所列材料按程序挂账，待资金支付计划表审批后按审批金额支付。所有签字必须由本人签署，不得代签。

第十条　项目工程完工后，材料决算在一个月内完毕。在一个月内项目部必须将与材料供应商的对账单上报材设部。由材设部和财务部审核对账单，尽快为项目工程的成本结算提供依据。对以上程序未完善的项目，停止支付本项目有关的所有材料款。

第十一条　若未按照本办法相关条款执行，第一次违反，材设部将给予书面警告，限期整改；第二次违反，另处以当事人或项目部1000元的罚款；第三次违反，依此类推。

第十二条　本办法经公司及成控部研究通过后公司发文之日起执行，本办法由公司材设部负责解释。

（三）采购管理办法建议

1. 零星材料采购

项目部组建后，由项目部负责按图纸及施工实际需要编制材料单，材料设计金额在1万元以内的零星材料与地方材料应注明产品名称、品牌、规格及数量，由驻工地采购人员到工程所在地询价后报公司采购部，由采购主管在2个工作日内核价后报工程中心总监审核，工程中心总监2个工作日内审核后由工地现场进行采购，若价格有较大变动须重新申报。

2. 大宗材料（花岗岩、木材、钢结构、钢化玻璃及其他大型材料）采购

项目部上报时间须提前10天，采购部收到料单后进行询价，2个工作日内报工程总监，由工程总监审核后由采购部组织人员采购。

3. 苗木采购上报规范

项目部苗单上报时间：大树提前10天，但是采购部必须在3天内回复是否有此苗木（包括此苗木的规格、价格、产地），并在10天内进场，其他苗木提前5天。苗木的规格必须按公司图纸会审时或由工程中心确定的及标书要求仔细填写（必须注明苗木高度、冠幅、胸径、造型等），采购部必须在苗木进场前以微信形式（图片清单或编辑文字）回复项目部苗木回单（小苗的规格必须是修剪后的规格，若有特殊需求，须注明），没有采购部的回复苗单，项目部拒绝收苗。

（四）材料收货规范

1. 苗木的收货规范

（1）苗车到场时，各工地收货人员先不拿送货单，送货单（包括检疫证）必须由项目经理或其他指定人员向供方索要。验收人员必须亲自如实清点到场材料，写好收货单，再同项目经理一起与送货单对比，发现情况，应及时同采购中心联系。对每个工地的收录情况，公司监管中心每个月将安排人员至少进行一次抽查，将对采购部的抽查进行监督。

（2）收苗时按采购部的回单收苗，回单内容包括苗木的规格、验收标准（泥球规格、测量标准），与回单不符的拒绝收苗，符合规格的必须仔细验收。

（3）乔木验收：必须逐棵测量并记录胸径及高度（乔木按泥球上 1.2 m 位置量，红枫、紫薇、樱花等亚乔木按泥球上 0.3 m 位置量），多杆的必须注明杆数及每杆的胸径，有特殊造型的必须注明。仔细填写收苗及入库单，入库单要填写供应商编号、工地名称、实际数量、实际规格、到场时间，由收苗人员签字确认（入库单必须填满或用斜线划掉，后附上收苗时的详细清单）。

（4）大乔木到场前应向采购部经办人确认到场时间，合理安排机械设备及充分的准备工作（毛竹片、麻袋、木板等），检查草绳绑扎，绑扎到乔木高度的一级分枝，测量泥球直径，树穴放宽 40 cm，苗木到场后必须马上修剪。在起吊时要在树冠上部系两根绳子控制方向，起吊时派专人负责现场指挥。种植时放陶粒和透气管，陶粒必须事先浸泡，种植后先支撑后浇水。浇水过程中不准把水管插入土中进行浇水，连续浇水 3 天，3 天后采取每天叶面喷湿，喷时注意喷枪不要直接对准树冠。一般人工卸的乔木在卸苗时要注意泥球的保护。

（5）灌木卸苗要先放样，根据实际面积确定卸苗的数量，合理安排卸苗的地点，尽量按放样位置一次到位并全部竖放，防止二次搬运。不易成活的苗木及没有泥球的苗木安排先种，到场的苗木（比如黄馨、花叶蔓）先修剪，不种的苗木摆放整齐并喷湿及喷托布津，夏季时要盖遮阳网。对盆栽的小苗，拆盆必须在种植处进行，拆苗盆的与种苗的必须一对一，对大包的小苗及时拆封并放到位。袋苗到场后必须当场拆封，拿出来竖向摆放整齐，来不及种植时喷水保湿。

（6）夏季、冬季发苗具体运输保护措施：

①苗木按一定数量成捆包装，根系最好沾有泥浆，用塑料薄膜，或是草包对根系进行包扎，等待装车。

②对运输车辆车厢的处理，一般用塑料薄膜铺在车厢底部，特别是迎风面与周遭（根据苗木数量测算需要多少塑料薄膜），然后将苗木成捆成排顺序装进车厢。装完后，先用塑料薄膜封闭苗木，并在车尾部预留适当的通风透气孔。塑料布主要防止车辆行进过程中风干苗木，通风透气孔起散热的作用，最后用篷布封闭整个车厢。

③运输途中一般不要开启装有树苗的车厢。如运输距离过远，超过 1 天以上，在停车期间，适当对苗木进行散热，如果需要，还应喷洒适量水分于苗木上。

2. 花岗岩收货规范

（1）到场花岗岩尽量一次性卸载到离施工方位最近的位置。

（2）对花岗岩外观包装检查，看是否有角保护措施，对整体（同一批次）的外观检查。

（3）对到场花岗岩同类同规格花岗岩进行拆封，数量上逐一清点（若是完工按现场量结算的，无须逐一清点）。从每件中挑选 10 块进行标准度、色差检测，将标准度、色差不符合合同要求的挑出，按整件的比例进行整件的结算收货，并按要求填写收货单。

（4）对于花岗岩小品、侧石、栏杆、花钵等的收货，查看是否符合图纸设计要求，有无损坏及色差、色差的合理度，不符合的一律不收。

（5）对于所有压顶板材（同一批次），厚度要求必须控制在 2 mm 以内，对所有地面、立面板材（同一批次），大小要求必须控制在 2 mm以内。

（6）合同约定作为收货依据。

3. 黄砂、黄土、石子的收货

（1）对进场的黄砂、黄土、石子根据合同约定进行验收，一般按容积进行验收。对按容积进行验收的，由收货人员上车，对车的长、宽、高度进行测量，计算出容积数，进行收料（签字同时，必须明确收货标准）。

（2）对拉到现场的砂的标准度（粗、细、含泥量）进行外观测量，对土方的黏度、含石子情况进行外观测量，不符合的一律不收。对石子的大小、含泥量进行外观测量，不符合的一律不收。

（3）所有进场的黄砂、黄土、石子、水泥、砖块等的收货，最后必须在入库单上注明车牌号。

4. 水泥、砖块的收货

（1）到现场的水泥必须按现场文明施工材料堆放标准堆放到位，坚决反对乱倒、不堆放。

（2）堆放好的，收货时必须逐一清点数量、入库收货，否则不予验收。

（3）水泥容易受到雨水、阳光等因素影响，应立即采取保护措施。

5. 管材（钢筋、钢管）的收货规范

（1）到场的管材必须按现场文明施工材料堆放要求堆放整齐，易腐蚀的，须架空保护隔离。

（2）对叠放整齐的钢筋、钢管等管材，须逐根、逐个清点，可用粉笔、记号笔区分。

（3）对钢材厚度、管壁厚度进行测量，对以上不符合约定要求的，坚决不予收货。

（五）现场材料堆放规范

1. 绿化施工中相关辅材现场堆放的相关要求

项目施工现场常见的现场堆放的辅材有营养土、预制管、陶粒、支撑材料、草绳等。由于这类材料在绿化施工过程中经常用到，故在材料现场堆放上要有一定的要求。

（1）堆放场地的选择：尽量选择在绿化施工场地外或近期不展开施工的场地，选择的场地便于运送及后期提取材料。

（2）材料堆放标准：绿化施工在现场的辅材必须堆放整齐，下层做好防水、隔水处理。材料堆放好后，上部与四周要做好防雨、防风处理。施工过程中，当日使用材料过后，每天下班前施工管理员要对材料防雨、防风进行检查加固。

2. 绿化苗木现场堆放要求

（1）大乔木卸苗地点的要求：施工工程中大乔木到场前，一般已对大乔木种植定位，树穴开挖工作已完成。所以大乔木一般卸在种植点周边（不影响施工与交通），进行修剪后立即栽植到位，原则上当天上午到达工地的大乔木，下班前必须种完。未种完的乔木必须完成修剪及做好绕干保湿工作。

（2）地被卸苗地点的要求：

①庭院项目地被卸苗地点的选择：庭院项目在种植地被前应对地形已进行细整及营养土搅拌，根据现场条件进行选择性堆放（有车辆行驶条件的，可直接放置至种植位置；无车辆行驶条件的，可指定堆放地）。苗木堆放时，所有小苗应站立摆放。盆栽苗要逐盆摆放，袋装苗卸完后应立即组织工人进行拆封，按要求摆放到位。一般苗木摆放好的苗木当日没有种植完毕，下班前必须对苗木进行喷水保湿，夏季卸苗点应搭设遮阳网，不间断进行喷水保湿工作。原则上当日小苗当日必须种植完成（夏季卸苗应搭设遮阳网，注意遮阳网与苗木之间的距离，并喷水保湿）。

②房产项目地被卸苗地点的选择：房产项目在种植地被前已对地形进行了细整，根据项目交通道路的情况，结合人工运输距离的长短，一般会在现场设3～4个卸苗的地点，根据施工进度，分别选择就近点进行卸苗。苗木堆放时，所有小苗应站立摆放。盆栽苗要逐盆摆放，袋装苗卸完后应立即组织工人进行拆封，按要求摆放到位。一般摆放好的苗木当日没有种植完毕，下班前必须对苗木进行喷水保湿，夏季卸苗点应搭设遮阳网，不间断进行喷水保湿工作。原则上当日小苗当日必须种植完成（夏季卸苗应搭设遮阳网，注意遮阳网与苗木之间的距离，并喷水保湿）。

③公园项目地被卸苗点要求：因公园交通便利，所以在地被苗卸苗上要求与房产项目有所不同。公园内项目在种植地被前应做好以下工作：

种植地被区块场地已细整到位，种植地被区块已放样到位，针对每个放完样的区块已标明种植品种及种植数量。种植苗木人员及苗木采购计划已配置合理。结合现场土质情况，根据工期确定苗木采购计划，合理配备种植小苗人员，确保苗木到场后立即种植完成。卸苗时，根据施工员放样标明的品种及数量将小苗一次卸载放样红线外，要求苗木必须按要求摆放整齐，当天未完成的苗木，下班前必须喷水保湿。

3. 其他机械及工具停放要求

在项目上使用的工具及机械，每日下班后，必须按要求停放在规定的位置上，不得随意乱放。

工具必须由现场项目部相关人员划定一个区域统一摆放，每日的工具必须由项目部相关人员检查是否齐全，若不齐全，应及时检查原因。

4. 主材堆放要求规范

（1）砖块必须按指定的位置摆放整齐。

（2）水泥：

①指定位置，地面平整，先用方木架空，离地面至少 20 cm，方木上放模板或竹篱笆，然后铺彩条布（或塑料薄膜），铺好后再叠放水泥。

②根据工地进度用量，控制水泥进量，一般水泥 1 个月内必须确保用完（首批次），若没有用完，需翻包（把下面的翻到上面来用完）。

③叠放好清点后，上面盖好彩条布，彩条布四个角必须与地面固定牢，每次下班检查彩条布是否都盖好了。

（3）安装管材（钢管、方木、模板）：

①指定位置，地面平整，架空（离地面至少 20 cm）隔离，叠放整齐。

②叠放好清点后，上面盖好彩条布，彩条布四个角必须与地面固定牢，每次下班检查彩条布是否都盖好了。

（4）钢筋：指定位置，用方木或其他坚硬物与地面架空后，摆放钢筋，不同规格的，分类分开堆放。放好后，用彩条布保护固定，每日下班后检查。

（5）黄砂石子进入现场，倒放在指定位置(边到边用除外），其他有一定的堆放时间的，地面必须平整夯实后再堆放，每次倒入后，人工再做一些围堆工作。

三、项目管理办法及目标任务

对于造园行业的不断发展，我们需要坚持服务第一、质量第一、设计第一的方针。在造园行业发展的过程中，我们感受到行业越来越好，但是在工程管理中的施工工期是未解决的难题。为了行业各公司的发展，我们的任务是把工程管理、安全文明施工、工程质量、行业口碑提到一个新高度，在工程提成及奖罚上也明确责任与义务。提出这样的问题，必须从以下几方面来完成：

（一）提高工地施工质量及管理质量

（1）在签订合同后，交工程部发给该工程项目经理及监理，同时对图纸进行会审，由项目经理及监理分别写读图纪要，写出施工难点及重点。

（2）认真完成进场交底，由项目设计师对图纸难点及重点进行讲解，此时项目经理及监理认真做好记录，并对有疑问的地方当场提出，尽量现场解决，若现场解决不了，回公司后 3 天给出解决方案。

（3）认真合理地编排施工进度计划（在看现场后，进行实地考查），由项目经理完成材料计划及进度计划，交监理（现场负责人）复查后报公司负责人审查，审查通过后严格按此执行。结算时，按计划完成者，按 100% 结算，提前 1 周奖 1%，延期 1 周罚 1%，可以按时间以此类推（以竣工日期为准，有延期单的，不按此执行）。

（4）在放线后，实行全面打桩，对现场标高进行打记标识，严格按图施工。在现场不合的情况下，及时提出并修正，在变化大的情况下，必须知会业主，争取业主同意。

（5）在施工过程中要做到事前控制，不要等到事情发生后再来整改。对变更及新增项目要认真阅读图纸，不懂就要问，不能马虎对待。技术交底和安全技术交底时要认真仔细，要多问一遍，确保相关人员明白，避免不必要的返工。最好工地实行工长制，责任落实到人头，能做到敢罚敢惩。

（6）对工地必须实行分项验收，验收必须监理及项目经理参与。

在放线完成后，设计师本人必须参与查验，检查是否与设计相符合，做到早发现早控制。

（7）定期巡检制度：监理每4天必须去所管工地一次，每次必须在项目组里发工地照片（辅助社交软件记录）。每天必须上午9点到现场，下午5点下班。管理层必须每10天上一次工地（辅助社交软件记录），解决工地日常事务，违者一次罚200元。

（8）最后，完工工地实行公司内部综合验收，由设计、监理、工程部经理及项目经理共同参与。

（9）对项目经理、监理进行定期培训，包括工地正规管理、施工组织设计、精典案例学习及探讨（工地现场交流，优秀项目经理可外地考察学习）。

（10）增加工地展示牌，工程进度、材料计划时间及到场时间、巡检问题、业主投诉、设计意见、项目经理签到及工程巡检签到全部上展示牌。

（11）项目经理每天到现场必须待5小时，

每个工地必须3天到场一次，到场后必须签到（辅助社交软件记录），离场后也必须签到（辅助设计软件记录）。月底由监理清查上班时间，月超3次者，罚500元。

（12）月底最后一个星期二，项目经理及工程管理人员进行参观工地学习。不到场者罚200元。

（二）严格控制工程工期问题及罚款标准问题

（1）做好工程进度表，严格控制施工进度。在进场5天内工程进度表交工程部监理，不交者按每天200元计算罚款，监理隐瞒不报者每次罚100元计。

（2）对项目经理施工工地的工期、质量及与图不符等问题，监理及时上报（监理不上报的罚100元）。工期问题公司采取外借其他班组的方式来完成（其费用公司直接从工程款中扣除，不够从质保金中提取）。

（3）在进场15天内完成所有材料送样，及时确定，材料计划交材料部10天内材料不到场的，材料部每拖延一天罚200元（特殊加工除外，但要约定期限）。

（4）甲方所购的材料要提前通知客户（进场后15天内就跟客户讲明），避免不必要的工期延误（甲方购买材料交清单时并注明到货时间，请甲方签字留底。无甲方签字手续，甲方未购导致延期的，由项目经理承担）。未执行的单次处罚500元。

（5）加强雨季施工力度及交叉施工能力，

不得以下雨为由拖延工期。学习项目团队合作施工，增强在行业的竞争优势。

（三）培训项目经理及监理与客户的交流及沟通技巧（工程交流）

工程部的人与客户交流的强项是技术方面，所以要在这方面下功夫。

（1）经常给客户打电话，把进展情况给客户报告一下，随时在工作群里发照片，让客户慢慢地与我们成为熟人，减少距离感，给以后的工作扫清障碍。项目经理每周至少发两次，监理至少一次。未发者一次罚100元。

（2）约客户解决问题（事先列出问题条目）要简单明了地介绍，尽量给客户解释清楚。

（3）给客户提出合理化建议，最好把自己做的最有经验的或者以前给别人做的案例展示一下，还要站在客户的立场去考虑，为客户着想。

（4）顺便提出大概要花多少钱，简单的马上算（如果客户说忙，你就说"行，我算好了给您打电话，可以吗？"），立即把变更单签了，还要问一下钱的问题（不要不好意思说，越是这样客户就越觉得你赚了好多，可以这样说：这是公司的规定，你看我先给您做，您也不要为难我，您等两天也可以，尽快给我解决了，我也好尽快给您完工，在其他小的地方给您补助点，我们本身只有1%的活动额度），这样也会让客户满意，解决问题要灵活。

（四）提升我们的口碑形象

对于口碑问题，它是对公司的形象及实力的表现，也是我们生存的根本，没有好的口碑就没有我们的明天。我们应从以下几方面做起：

（1）提高我们的服务意识，客户至上，一切以客户为中心，做到客户无小事，再小的事也当大事来处理。

（2）客户投诉后，15分钟内电话回复，自己无法处理即报部门主管，在得到解决方案后，12小时内开始处理。未执行的，罚款300元/次。

（3）搞好工地形象，做到人走场清，加强工人素质教育。工地垃圾定量清除，六方为标准（所有工人到场要开现场会，讲注意事项及文明施工）。

（4）公司所有人员讲话要诚信、真诚。

（5）服务做到走心，凡事站在客户的立场想。

（6）项目部形象规范：

①卫生要求：项目部办公区要保持环境的整洁，办公用品、电脑设备等摆放整齐，可以安排人员轮流值日。下班后及时关闭不需要的设备电源，避免浪费。

②制度及表格上墙要求：基于项目部日常工作的需要，提倡表格及制度上墙，主要包括工程施工平面图、工程施工总进度计划表、民工考勤表、管理人员考勤表、项目部甲方联系单、晴雨表及公司有关项目部需要上墙的相关资料。

③项目现场的保护措施：对于门窗、门栏及项目部内的设施安排保护措施，做到进场、出场一个样。

④宣传要求：对于条件允许的项目，需设立包含公司概况、项目概况、项目负责人、经典案例、工期等的宣传牌。

（五）提高工程管理利润，降低工程施工成本

从提高利润来讲必须两手抓，一手狠抓管理，让管理出效益；一手狠抓工程技术，做到两不误。

关于工程部提成及奖惩（结合工程部管理办法），在工程提成及奖惩方面做到奖罚分明，在工作安排及责任划分方面也有标准。

（六）成本控制标准

1. 成本控制范围

人工、机械、材料、工期、返工量等。

2. 成本控制措施

①合理安排施工进度计划，相对准确计算单日人工量，并核算人工价值，筛选技术好、服务好且速度快的熟练工作为项目常备工人。合理安排临时工数量，且灌输公司工艺要求和进度要求，不窝工、不费工。

②机械安排要准确合理，并根据进度计划的安排，整合机械使用交叉程度，并合理测算单体项目的机械费用，结合实际情况，高效节约地安排机械的使用。

③主材采购虽由公司把控，项目经理可根据当地实际情况，推荐质量优秀、价格更加合理的材料供货商，共同完成主材最终采购。对于零星材料采购，在保证项目健康运营的情况下，合理估算数量，成批准备在前，节省零星材料的成本。地材等材料的采购根据当地实际情况，并根据项目使用量及场地限制，合理采购，不缺又不滥。

④具体单体项目施工前要跟设计充分沟通，减少不必要的返工检修，并根据规范达到施工工艺标准，杜绝因工艺问题而出现的返工返修情况发生。

总之，我们坚信只要认真做好每一件小事，我们就胜利了。我们的目标是让客户感动，不只是满意。

四、工程发包管理条例——分包合同签字及结算规范

（一）工程量上报相关规定

（1）每个工程从头到尾实行项目经理责任制，即从项目开工到项目审计结束、账目结清为止。

（2）所有在工程施工中涉及的有工程量发生的并需要公司支付费用的项目都必须按此规定实施。

（3）所有项目分包班组根据实际完成量上报自己所完成的工程量到项目部。项目部到现场与分包班组进行仔细丈量核对并统计，所有工程量要按区块部位进行计算并附平面简图，图上注明每区块的详细尺寸规格。上报到公司成本部的工程量统计单要有详细的分区块计算单及平面简图。

（4）项目部上报到成本部的工程量，成本部要安排人员到现场对全部项目进行仔细核查，采购部跟进该项目的人员负责配合设计师核查，成本部核查完后如果发现问题出入比例大于2%，要及时上报工程总监，工程量出入比例纳入项目经理绩效考核范畴。

（5）核查结束后成本部将核查结果单独做个统计清单，与项目部上报的工程量进行对比分析。审计结束后成本部将审计结果、项目部统计清单及核查清单统一做对比表。

（6）各项目部必须在工程竣工验收后，半个月内统计上报该工地上发生的所有项目的工程量及成本，逾期不上报的，公司对该工程量的结账做延后6个月处理。

（二）分包合同的进度款申报及支付

（1）由项目部与分包商一起核对现场已完成的工程量，并对其结果进行汇总和签字。

（2）分包商按双方核对后的工程量申报产值，不得虚报。

（3）产值按正常程序报出后，原则上按甲方审核的回单进行进度款支付；若确实无回单，由采购部按合同组价的报价以及合同相关条款比例支付（分包商收取进度款后，不应由分包商本人到预采购部进行结算，应由项目部负责相关结账人员进行衔接）。

五、施工队伍基本要求

（一）施工队伍要求

（1）需具备泥水、木制作、石作、植物种植、水电安装等技术工人，工人需具备两年以上工作经验。

（2）需具备钢构、棚架、园林小品、假山石等工种外协能力，外协队伍应是稳定合作单位。

（3）常用施工材料应有低于正常市场价格的稳定供货商家。

（4）具备接到通知两天内组织进场的能力。

（5）具备所需的基本机具。

（二）施工队长要求

（1）具备从事相关行业五年以上工作经验，在相关行业管理队伍一年以上，在本行业有两年

以上工作经验。

（2）具备基本识图能力、平面放线能力，对泥水工、木工、石工、水电工、绿化工、垒石等各工种的工作流程、工艺技术和操作规范清楚了解，能判断工人的技术水平。

（3）对各工种所施工项目的市场单价了解，能较准确核定工人计件单价和施工成本。

（4）具备按图和现场排列丁序（丁作场、材料堆放场、弃渣场、水电切入口、材料运输路线）制作合理的施工进度表，安排现场施工平面，设计施工方案，制作人工调用和机具调用计划，安排合理准确的材料计划。

（5）具备清楚的语言表达能力和与人沟通能力。

（6）具备管理魄力和对下属的约束能力，能迅速决策和行动。

（7）实事求是，品行端良，吃苦耐劳。

（三）施工队成本控制要求

（1）混凝土、抹灰、砌砖、铺贴、木作、水电、防水项目，施工成本应控制低于市场平均标准。

（2）土方挖填，植物种植，垒石、塑石、石作项目，成本控制在市场平均水平。

六、民工管理规范

（一）用工

（1）项目部所用的劳务工必须持有合法有效的身份证件，无有效证件或证件过期未及时补办的，一律不予使用。

（2）用工前项目部必须将所用工人的身份信息、工种、工价、工资卡开卡情况等上报办公室，未提前上报的相关信息或信息上报不全的，当月考勤不做。

（3）进场：民工进场时，自备雨具、套鞋，到现场实行小班组化，集中开会培训，并按身份证号码登记在册，注明联系方式、家人联系电话，未成年或超过65岁的一律不得进场。小班组一般3～5人一组，设立小组长（小组长工资一般比其他人员工资高10元/小时），每个项目部根据各自的特点设立几个小组，比如种土建组、绿化组等，小组长姓名在民工考勤上报公司中注明。进场民工要统一签订劳务部制定的劳务合同。

（4）上班点名制度：民工进入场地登记编组后，交予项目部民工工组长统一管理。每天上班到达工地后，由项目部相关人员安排工人，按小组排队站好，逐人点名，按小组安排工作，由组长负责带队完成。工人上班时间以工人到场时间为准。下班时统一排队点名，布置次日或下午工作。每日分上下班两次点名（迟到者按实际时间进行考勤）。

（5）民工考勤制度：当日工作完成后，必

须当日将工人考勤完成，不得当日考勤次日完成。民工考勤工作由项目部相关人员完成，并由项目经理核准上报公司。

（6）民工请假制度：如果民工在工地要请假，必须在前两天下班前事先向项目部相关人员报告并经批准，若不请假擅自旷到，扣除当日两倍工资。

（7）安全教育及工伤事故情况：项目部要定期给民工进行安全教育，每次教育要做好教育记录，在工地施工作业过程中要不断提醒民工安全施工，发现存在安全隐患要立即停止作业，待隐患消除后作业。工地上一有安全事故发生，需要救治的立即到就近医院进行救治，并立即上报公司级分管领导，工地若出现医药费问题，各项目部酌情处理，写明原因。

（8）工地民工要团结，不得打架斗殴，一经发现，直接开除。项目部开除的民工，要将民工名单立即上报行政中心。

（9）对于公司开除的民工，行政中心对各项目部进行通报，别的项目部严禁使用该民工。

（二）考勤上报

（1）上报时间：项目部每月5日前上报管理人员、工人考勤。

（2）上报规范：统一使用公司劳务工人考勤表格，工号、姓名、工数、工价必须填写完整，经考勤员、工人、项目经理签字确认后当日上报办公室，填写或确认不完整的，退回重新上报。

（三）工资发放

（1）所有项目部工人的工资统一以银行转账形式发放至工人银行卡上。

（2）有特殊情况项目部需临时用工的或提前结清的，须及时提前上报，临时工工资由出纳以现金形式直接发放。

七、　施工队伍管理规定

（一）施工流程

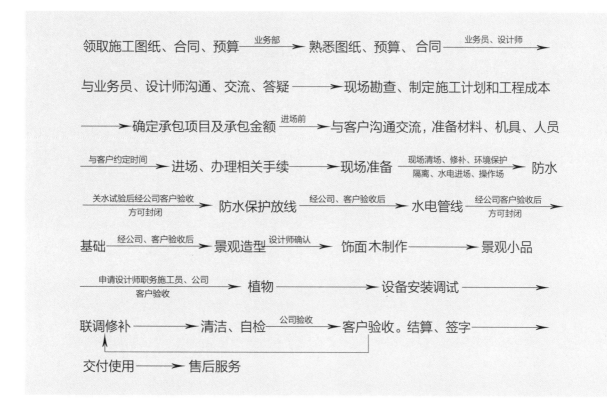

（二）施工现场管理

1. 开工进场

（1）进入施工现场必须戴安全帽，穿工作服，特殊工种需穿戴特殊服装。

（2）施工现场在进行机械操作过程中，应设立相应警示标语，严控非相关人员进入施工现场。

（3）严禁施工现场大小便行为，应做到警示教育与惩罚教育同步进行。

（4）施工现场工具摆放统一，下班后做到人走场清。

（5）进场当日对施工现场进行全面卫生清扫。

（6）确定材料码放处，并将标志牌钉在墙上，当日进场材料按规定在标志牌上码放整齐。

（7）所有现场施工人员必须佩戴胸牌，穿公司统一工作服。

（8）所有施工机具必须干净，配备齐全，所有工具必须有工具箱，并放置在工具箱内。

（9）施工人员必须自带衣物箱，将个人更换下的衣物、鞋帽放在衣物箱内，不得随意放置。

（10）项目经理必须对客户已装修好或已安

装好的成品进行保护。

（11）项目经理必须详细向代班工长交代取电位置和取水位置，并应对非取电位置、取水位置进行封闭。

（12）油漆和涂料等易燃化工品必须单独码放在安全位置。

（13）项目经理必须对不使用的下水口和地漏进行封闭，以防止施工中渣土和杂物堵塞下水口。

2. 施工过程中

（1）每日必须清扫施工现场两遍，中午吃饭前和晚上收工时各一遍，未能清运走的垃圾、渣土必须装袋或装入垃圾箱，垃圾袋和垃圾箱原则上应放置在不影响施工的场地，并且随时清运，现场不许有成堆垃圾存在。

（2）木制作施工时，以锯台为制作中心，裁切后的材料和半成品必须沿墙码放，压板平台应放置在不影响通行和施工的位置，必须留出施工人员的正常通道。

（3）瓦工进行地面铺砖作业时，必须是在本房间木作基本完工的情况下进行，且在铺贴后，在施工通道处用 9 cm 以上厚度的板材铺垫，以进行成品保护。对玻化砖、抛光砖等高档地砖，在上人前必须将砂土清扫干净，并且应用锯末均匀撒在表面，以防止地砖表面被划伤。

（4）油漆和涂料施工时，原则上木作和水电施工已基本结束，应尽量避免交叉作业，对已制作或施工完毕的地面做好成品保护。

（5）油漆和涂料施工完成后，工程进入收尾阶段，必须从上至下、从里至外逐步进行施工面的清洁和地面的清洁工作。

（6）施工过程中必须注意用电安全，禁止使用自制的拖线板，禁止直接用电线头从插座取电，禁止使用未固定的插座面板和开关面板，禁止使用大于 200 W 的灯泡或高压汞灯、碘钨灯等做照明，禁止三台及以上的电动工具共同使用一个拖线插座。

3. 竣工验收

（1）在竣工验收前三日，必须通知巡检或设计师进行预检。预检合格后，上报工程部正式的验收时间，并将此时间通知客户。正式验收时间必须提前 72 小时上报，以保证公司和客户能够按时参加验收。

（2）竣工验收前，必须将所有剩余材料、施工机器、垃圾和施工人员个人物品运出现场，竣工时，除少许油漆和涂料及油工工具、卫生工具外，其他物品不许摆放或存放在竣工现场。

（3）竣工验收时，除本施工队的人员在现场提前等候外，不许有任何无关人员在现场。

（4）竣工验收前，现场的所有保护工作由施工队负责，验收签字后，正式移交客户管理。

4. 其他要求

（1）施工现场严禁吸烟，严禁用电炉取暖和明火取暖，严禁在施工现场做饭，施工现场不许有烟头、火柴棍等。

（2）住宿的房间必须清洁和通风，用水清洗个人卫生时，必须在指定位置进行，清洗完后，收拾干净。

（3）严禁非本施工队的人员在工地住宿和停留。

以上管理方法和要求必须严格执行，若有违犯，按公司奖惩办法严厉惩处。

（三）施工中违规处罚

1. 对施工现场检查进行罚款的原则

（1）对有违反文明施工、安全施工行为者，一经发现，严格执行罚款规定，绝不姑息。对视而不见、不采取任何措施的监理员，同等罚款。

（2）对施工过程中，出现的施工质量等问题，先提出整改意见，并限期整改。已认真整改者，不予以处罚。对不整改或整改仍不合格者进行罚款。

（3）有欺骗行为、偷工减料行为的，一经发现，对情节轻微者，加大处罚力度；对情节严重者，处以罚款外，将给予辞退或除名。

2. 处罚标准

（1）土建：

①未经客户、设计师或施工监理许可擅自拆改原建筑结构的，对项目经理处以500元罚款。

②破坏原建筑主体结构，如未经许可任意在墙面、地面上开孔洞，切断原墙面体或楼板受力

钢筋等的，对项目经理处以1000元罚款。

（2）木工：

①木制作部分安装不牢固，存在变形、扭曲、尺寸偏差过大、材料不符合设计要求等问题的，对项目经理处以100元罚款并限期重做。

②未按设计要求进行施工，出现尺寸、结构等与原设计图纸不符，接头处处理不符合工艺要求等问题的，对项目经理处以100元罚款并限期重做。

③明知设计图纸与现场尺寸存在误差，未及时向监理或设计师反映而造成损失的，除责令返工并承担责任外，对项目经理处以100元罚款。

（3）油漆工：

①未按要求进行基层处理或处理不彻底的，对项目经理处以100元罚款并限期返工。

②涂料（油漆）的品种、颜色等不符合要求的，对项目经理处以100元罚款并限期返工。

③不使用规定材料，不按相关施工工艺进行施工的，对项目经理处以100元罚款并限期返工。

④基层处理成品出现粉化、起皮、裂纹、起鼓等现象的，对项目经理处以100元罚款并限期铲除重做。

⑤防腐木制品油漆面不平整、不光滑、有刷痕、色泽不一致、钉眼修补不全等的，对项目经理处以100元罚款并限期进行处理。

⑥油漆刷浆部分出现掉粉、起皮、漏刷、透底、脱皮等现象的，对项目经理处以100元罚款并限期修复。

⑦油漆工程完工后，相邻部分成品如五金、玻璃、地面等不洁净、出现污渍的，对项目经理处以 100 元罚款并限期进行处理。

（4）瓦工：

①成品表面有划痕、缺棱角等问题的，对项目经理处以 100 元罚款并限期返工。

②成品铺贴不平整，接缝不平直，间隙不均匀，颜色、图案不符合要求的，对项目经理处以 100 元罚款并限期进行处理。

③地面坡度不当，出现倒泛水或积水的，对项目经理处以 100 元罚款并限期进行处理。

（5）电工：

①材料不符合要求，存在线路直接埋入墙内等问题的，处以 100 元罚款并限期整改。

②新做线路管内留有接头，接头不按要求进行处理的，处以 100 元罚款并要求重做。

③管线不按要求施工，未做固定或固定连接方法不符合规定要求，出现电打火等现象的，处以 100 元罚款并限期重做。

④面板、灯具、电器等安装不稳固、歪斜、接触不良，出现破损等不符合要求的现象的，处以 100 元罚款并立即返工并赔偿。

（6）水工：

①新做管路与排水地漏交接处理时，新做管线出现渗、漏现象，表面不按要求进行防腐处理的，处以 100 元罚款并限期重做。

②洁具安装出现不平整、不稳固、开关不灵活等不合格现象的，处以 100 元罚款并限期重做。

③洁具及配件安装后出现渗漏、破损等现象的，除责令赔偿外，处以 100 元罚款。

④不按要求保护现场导致地漏、下水堵塞的，对项目经理处以 100 元罚款并限期疏通。

（7）防水：

①材料不使用公司统一规定品牌的，处以 100 元罚款并立即撤换。

②防水施工不按规定，或有其他偷工减料行为的，处以 100 元罚款并限期重做。

③墙不找平及基础不干而强行施工的，处以 100 元罚款并限期重做。

④不做 24 小时避水试验及避水时间不足的，处以 100 元罚款并重做试验。

⑤避水问题不通知客户共同验收并认可的，处以 100 元罚款。

（四）施工队伍管理规章制度

1. 文明施工现场管理规定

（1）施工中必须严格遵守该物业管理部门和管理规定，尽量减少对环境造成的污染和对周围居民的影响。

（2）开工当日起，工地必须按规定悬挂"施工进度表""施工标识牌""现场文明施工管理规定""严禁吸烟""垃圾堆放处""半成品堆放处""成品堆放处""每日巡检单"等牌，在工地门口张贴统一宣传标语。

（3）工地必须按规定配制灭火器，摆放在明显位置，并由专人负责管理。

（4）施工人员必须按规定统一着装，严禁打赤膊、穿拖鞋施工。

（5）工地严禁生火做饭，严禁家属、非施工人员进入，严禁使用未成年工人。

（6）工地中严禁饮酒、聚众赌博、打架斗殴及其他违法乱纪活动。

（7）施工用电要设立临时电箱，禁止违章乱拉、乱接电线，严禁使用非施工大功率电器。

（8）施工用水点只能固定一处，严禁长流水，保持地面干燥，无积水现象。

（9）保持施工场地清洁，材料堆放整齐、集中（油漆材料除外）。需留宿的工地，开工时，生活用品必须在暂未施工的地方集中堆放。

（10）工地中应设立临时大小便设施，并由专人负责每日冲洗，保证无异味。严禁随地或利用排污管口大小便。

（11）施工中的施工人员必须是在公司考核注册的，按规定配带工作牌，实行一人一证，临时施工人员可佩戴临时工牌，技术工每工地不得超过三人。

（12）工地中所有施工图纸必须用夹板装订成册，并保持图纸完整，直到工地结束。

（13）高层施工严禁向外抛物，沿外窗、外阳台施工必须注意安全。严防物体坠落，严禁将工具、材料等物品放在可能跌落的位置。

（14）在施工中对成品和半成品要有相应有效的保护措施，严禁损坏污染成品、半成品、堵塞管道。

（15）收工后，必须由专人负责清扫垃圾，装袋后集中堆放，及时处理。

（16）施工中严格遵守安全操作规程及国家有关安全施工的管理规定，严禁不顾安全和设备的野蛮施工。

2. 施工队的考核考评方法

（1）公司对工程队各方面和总体形象的考核。

（2）监理对工地的全面检查考评。

（3）工地形象、工程验收等级的计分考核。

（4）施工队与业主之间全面协作的评定。

（5）施工队与施工队之间相互合作的考核。

（6）完成公司和部门领导临时任务的考核。

3. 质量管理"六不准"

（1）严格按图施工，不准随便更改。

（2）每一分项工程必须进行班前交底，不准无交底工程。

（3）各分项工程必须实行自检、互检、抽检，不合格者不准进入下一道工序。

（4）主要隐蔽工程施工时，项目监理必须现场跟班作业，现场监督不准随便离开。

（5）不合格的材料，不准运进施工现场使用。

（6）确保工程质量，不许野蛮施工。

4. 进场材料验收制度

（1）材料进场，应与计划用量相符后验收，做到无计划、质量不合格、型号不符者不验收。

（2）主要面板材料、黏结材料、特殊材料在验收时应同时验收材料合格证或使用说明书。

（3）木材、地板用材按业主要求数量验收，同业主签字。

（4）做好主体框架材料、木质的验收。

5. 质量管理制度

为确保工程质量，制定下列管理制度：

（1）全体员工必须树立"百年大计，质量第一"的方针，共同把好质量关。

（2）严格按公司颁发的施工规范和验收评定标准进行施工，确保工程质量。

（3）建立"三检制"挂牌施工，项目监理严格班组质量检查。

（4）实行分项、分步评级奖罚制度，奖优罚劣。

（5）若发生质量投诉，按不同程度给予经济处罚。

（6）严格执行操作工序。不许违章作业，如果发现，立即停工，视情节轻重给予处罚。

（7）抹灰、地面、油漆等工程，应先计划做样，确定符合标准后，再统一全面施工，墙漆工程应自查达标后，再由质量检验组抽查。

6. 特种作业人员持证上岗制度

（1）特种作业人员必须进行安全教育，技术培训和考核，考核合格取得合格证者才准独立上岗作业。

（2）取得操作证的作业人员，必须定期进行复审。

（3）对违章作业及造成事故者，质检员有权

扣证1～2个月，给予经济处罚，直至追究法律责任。

7. 施工注意条例

（1）高空作业，要系安全带。

（2）严禁高空抛物，向窗外扔东西。

（3）非电工严禁擅自装接电动工具和拉设电线。

（4）严禁在工地煮饭（若有需要，应上报申请）。

（5）严禁穿拖鞋、打赤膊、赤脚作业。

（6）施工现场排水要流畅，不乱排污水、乱倒垃圾。

（7）电线作业必须远离易燃易爆物品。

（8）禁止擅自使用非生产性电加热器和电炉。

（9）严格执行现场文明管理规定。

8. 关于违规违纪的处罚制度

（1）施工工地未挂"施工牌""进度表""现场文明施工牌"等牌的，每牌罚50元（公司统一实制后执行）。

（2）施工工地不穿工作服、穿拖鞋的，每项罚款50元（有工作服的项目班组）。

（3）现场材料不整齐，不按规定堆放，乱摆乱放的，罚款50元。限期整改，不按期整改的，罚款50元。

（4）乱动用业主的私人物品而未经业主同意的，罚款50元。

（5）脏水遍地，不按指定地点用水的，罚款50元。

（6）施工垃圾不及时清理（一车为标准），不用袋装的，罚款50元。

（7）施工现场禁止吸烟的，违者罚款50元。

（8）现场酗酒、赌博、打架斗殴的，罚款100元。

（9）不准带小孩、妇女、朋友在现场过夜，违者罚款100元。

（10）墙面不许乱涂、乱写、乱画，违者罚款50元。

（11）木材到场必须用棚布遮挡，违者发现一次罚1000元。成品未做漆之前应做预成品保护。

（12）高窗抛物、向窗外扔东西、砸伤他人的，除扭送公安机关外，罚款100元。

（13）违反劳动法，用未成年人员做工的，罚款100元。

（14）工地不按规定配制灭火器的，罚款100元。

（15）工地中施工图必须用夹板装订成册，并保持图纸完整，施工图纸丢失者罚款50元。

（16）严格遵守国家有关安全操作规定，对不顾安全和设备的"野蛮施工"罚款200元。

（17）对领导下工地，不听从领导指挥，恶语中伤者罚款100元。

（18）施工工作人员不配戴物业部门或本公司的上岗证、出入证的，违者罚款50元。

（19）未按公司预算单中要求的品牌、规格购买材料的，罚款500~1000元，并立即更换材料到位。

（20）未经验收确认的材料不得使用，违者罚款100元。

（21）施工工人不听监理及巡检指挥的，监理或巡检指出问题拒不整改的，处项目经理200～500元罚款。

（22）监理及巡检指出质量问题在规定时间内不整改的，处100元罚款；二次指出仍未整改的处以双倍的罚款；以此类推，直到整改好为止。

（23）施工用电不按规范操作、乱拉乱接或违反相关规定者，监理及巡检开具罚单交至工程部统一交财物处，在项目经理的工程款中扣除。

八、相关工程管理人员的管理规范

（一）监理巡检方式方法

步骤一：

（1）熟悉图纸、预算及合同。

（2）明确检查路线（入口开始形成封闭回路）。

（3）重点难点特别注意。

步骤二：注意巡检时间（每个工地一周至少一次）

（1）检查项目方法：①先隐蔽到基础，再到上升，后到顶；②先结构到砌筑再饰面；③先土方、混凝土、钢结构，再木作、玻璃，再到漆五金、水电、设备；④先线形到尺寸再到细节节点、材质、工艺。

（2）拿到检查部位图，根据现场实际情况认真对比。

（3）对重难点对照施工组织设计检查。

（4）记录发现问题（分一般及严重问题）。

步骤三：

（1）对检查问题归纳汇总并及时拿出解决办法。

（2）一般问题通知项目经理及时调整及规定时间内完成（留存笔记）。

（3）实际与设计不符的，要通知设计师，待设计变更后方能施工。

（4）严重问题报工程部主管，由主管提出解决意见及措施，项目经理现场处理（重大失误、安全事故）。

步骤四：

（1）对工地形象评定（工地整洁、施工通道、材料堆放）。

（2）检查进度报表及完成评定，比对施工各项表格（施工进度表、材料计划、周报表、月报表）。

（3）检查增减项记录，对增加项目必须见签证单方能施工，否则单次处罚，每一项 1000 元。即使是赠送项目也必须见签证单。

（4）问题收集存档，用于公司制度调整。

（二）项目经理岗位规范

直属上级：工程部经理。

直属下级：各工种工人。

能力要求：组织施工能力、解决施工质量问题能力。

1. 岗位职责

（1）组织现场施工，对施工部分的工程质量负全责。

（2）组织施工现场技术交底。

（3）协调施工现场各工种施工。

（4）维持施工现场秩序。

（5）协调客户关系，催缴工程款。

（6）立足本岗位工作，提出合理化建议。

2. 工作流程

（1）接受工作任务，领取施工文件（施工图纸、预算等）。

（2）根据预定工期做出施工进度计划，上报工程部经理。

（3）协助工程监理组织现场技术交底。

①联系设计师确认确切交底时间。若因客户原因变更交底时间，设计师应及时与监理取得联系，明确变更后的时间，若有延误，设计师应承担责任。乙方不得主动提出变更交底时间的要求。

②勘查施工现场的结构及施工面层等情况。发现轻度质量问题（包括原有防水层）须及时向设计师和客户提出，并提出相应技术处理意见。

③对原建筑质量问题严重或可能影响工程施工的，建议业主要求物业管理部门对建筑原有的质量问题采取处理措施，直至符合工程施工条件为止。对此，项目经理应协助项目经理同客户协商工程延期，并办理延期手续。

④与客户进行沟通、交流（包括互换通信方法）。向客户说明并介绍公司在施工管理、质检、交款、服务等方面的规定。征询客户意见，了解

客户需求；协助客户与物业管理部门办理好开工前的必备手续。

⑤与客户约定好材料进场验收时间或下次见面的时间地点等。

⑥与客户确认水电改造项目及增减项目。

⑦根据图纸、预算，结合施工现场情况，评估设计人员的交底是否翔实、准确，相关技术处理是否恰当，对有误之处予以说明，由设计师处理设计变更。

⑧工程监理、设计师、项目经理、客户共同填写技术交底表，48小时内由监理将交底表交到工程部。

⑨遵照公司有关施工现场文明施工规定，布置施工现场，组织施工。

⑩大宗材料进场验收：填写相应表格，签字。

隐蔽工程验收：填写相应表格，签字。

工程中期验收：填写相应表格，签字。

竣工验收：填写相应表格，签字。

3. 项目经理日常工作流程

（1）项目经理领图、预算、合同后识懂图纸，由项目经理写读图纪要（见读图纪要模板），写出施工难点、重点及技术工艺措施。纪要内容属实也可作为结算依据。

（2）识图后进行查勘现场，检查图纸、预算及合同约定是否与现场一致，发现问题认真记录。完成查勘后，针对具体问题就与该设计的设计师、客服人员、预算员分别落实，完成后签字留底，

作为结算依据。认真完成进场交底，过后严格按此执行。

（3）负责办理进场各种手续。完成公司内部合同与各种施工计划表格。

（4）放线前的准备工作（根据施工现场实际情况准备，必须写进场准备清单，包括需完成的准备工作、施工准备用料数量、材料、工具及人员）。在放线后，实行全面打桩，对现场标高进行标识，严格按图施工。在场地不合的情况下，及时提出并修正，在变化大的情况下，必须知会业主，争取业主同意。完成放线通知设计及业主确认后方能进行施工。

（5）在施工过程中要做到事前控制，对变更及新增项目要认真阅读图纸，不懂就要问，不能马虎对待。对工交底要认真仔细，要多问一遍，确保相关操作人员明白，避免不必要的返工（工人工作任务分配交底要明确步骤，包括目的、工作范围、工作方法、工作步骤及完成时间）。责任落实到人头，做到有奖有惩。

（6）完成日常事务（工地定期检查施工质量、安全生产、协调甲方、效果把控、变更、签证、进度款报送收取、重要节点控制及办理交接验收结算等）。

（7）对工地必须实行分项验收，验收必须监理及项目经理参与。隐蔽工程完成前，必须提前通知工程管理人员验收，合格后封闭，方能进入下一道工序。

（8）基础工程完成后提前通知设计师复核，

设计师签字确认后进行施工，材料送样时交设计师确认后，报送业主。

（9）定期（一周）对工程进度、材料计划及到场时间进行检查落实，根据合同工期及时调整施工，对人员、机具及材料进行合理调整。巡检问题、业主投诉（2小时内处理）、设计师更改意见等及时电话报主管（一个工作日内）后并附电子文本或书面文本交主管（两个工作日内）。

（10）项目经理每天到现场必须待5小时，每个工地必须3天到场一次，到场后必须签到，离场后也必须签到，每月休息4天（最好错开周末）。

（11）工地实行定期检查，按检查程序进行（见检查程序）。

（12）工地变更资料不论大小必须签证（可以规定赠送范围内变更资料可以由项目经理自由处理），但赠送项目必须签证。签证必须报回公司合同预算部存档。变更金额必须在下次收进度款时一并收取。未签证项目作为私单处理。

（13）协调处理公司固定配套商家分包事务（合同、报价、技术措施及安全文明施工）。

（14）负责办理工程竣工资料、结算及工程质保手续，协助客服收款。

（15）整理资料交合同预算部存档。

4. 项目经理职责

（1）项目经理由公司工程部领导，受施工监理监管，是施工工地的直接责任人，负责施工现场的施工组织、施工管理，全面执行、落实公司有关施工的各项规定，保障施工质量符合合同要求。项目经理对施工质量负全责。

（2）参与组织开工的现场技术交底。

（3）落实开工前的技术准备，核对施工文件的图纸、施工项目及预算部分。若施工文件不齐或发现问题，可直接将问题汇报工程部经理。

（4）组织施工中的各阶段验收，包括大宗材料进场验收、隐蔽工程验收、防水验收、中期验收、竣工验收。发现质量问题必须当场提出处理意见，责成相关责任人限期整改。对于重大质量事故，限期一天内做出书面处理意见及说明，上报工程部经理。

（5）催缴工程中期款、尾款，根据结算情况，控制工程进度。每周与客户电话联系至少一次，沟通协调工程事宜。

（6）检查工地安全措施，消除隐患，对施工安全负责。对施工期间客户的财物安全负有责任。

（7）高度重视维修工作，接受公司委派的维修任务，做到保质按期完成。要求自接到维修单时起，不论工程大小，两日内必须到达维修现场，对所维修的工程进行评估并做出维修方案，经客户确认后书面上报工程部经理。维修任务完成后，次日将维修单交往工程部。

（8）组织工程竣工验收后的现场清理。要求施工材料、工具全部清离工地后将现场卫生清理干净。

5. 图纸会审

任务：理解图纸，核准预算，核算用料。

组织：工程部经理。

参加：项目经理、监理、材料员、技术员。

时限：一个工作日内完成。

6. 技术交底

开工前的技术交底是确保施工正常进行的重要环节。技术交底程序分为技术交底前的预备会和现场技术交底两部分。

（1）技术交底预备会：交底前的预备会由工程部经理主持，项目经理、施工监理、技术员参加。会议主要内容：安排施工任务，移交技术资料，交代相关事宜。

> **提示**
> 一套完整的施工技术资料包括：
> ①完整的设计图纸及设计说明；
> ②工艺作法说明；
> ③工程预算；
> ④甲、乙方供应材料明细表。

客户与公司签订装修合同后，由设计部将以上资料的两份副本移交工程部，一份由工程部存档，一份派发给项目经理，办理签收手续。以上工作限时三日内完成。

（2）技术交底程序：

①施工合同签订后，由该业务员与客户约定开工交底的具体时间。一般控制在三日后、七日内。

②项目经理与设计师确认确切交底时间。若因客户原因变更交底时间，设计师应及时与项目经理取得联系，明确变更后的时间，若有延误设计师应承担责任。设计师和项目经理不得主动提出变更交底时间的要求。

③我方必须参与技术交底的人员有：设计师、项目经理、施工监理。

④技术交底由设计师组织和主持。设计师须现场向项目经理明确如下事项：

a. 讲明设计意图和重点部位的设计要求；

b. 讲明色彩、风格和装饰效果要求；

c. 讲明对材料的具体使用要求，包括对甲供材料的要求。

⑤项目经理应在交底时应明确如下事项：

a. 若有对设计意图不理解或不明确的地方，须向设计师询问明确。若对工程图纸和预算有疑问之处，应在交底完成后另择时间与设计师交流。

b. 勘查施工现场的结构及施工面层等情况。发现轻度质量问题（包括原有防水层）须及时向设计师和客户提出，并提出相应技术处理意见。对原建筑质量问题严重或可能影响工程施工的，项目经理应建议业主要求物业管理部门对建筑原有的质量问题采取处理措施，直至符合园林施工条件为止。对此，项目经理应同客户协商工程延期，并办理延期手续。

c. 与客户进行沟通、交流（包括互换通信方法）。向客户说明并介绍公司在施工管理、质检、交款、服务等方面的规定。征询客户意见，了解客户需求。协助客户与物业管理部门办理好开工前的必备手续，与客户约定好材料进场验收时间或下次见面的时间地点等。

d. 与客户确认水电改造项目及增减项目。

⑥根据图纸、预算，结合施工现场情况，评

估设计人员的交底是否翔实、准确，相关技术处理是否恰当，对有误之处予以说明，由设计师处理设计变更。

⑦设计师、项目经理、施工监理及客户填写现场技术交底表。

⑧技术交底结束后，施工监理负责将现场交底记录表交往公司工程部。现场交底记录作为工程档案的一部分由工程部统一归档。

7. 处理客户纠纷

（1）处理原则：

① 遵循维护客户、公司、项目经理三方利益的原则。

② 遵循文明礼貌、真诚待人的原则。

③遵循说服、解释、平等协商，灵活处理的原则。

④遵循避免扩大化、处理快速化的原则。

⑤无法达成谅解或和解时，坚持不要对客户许诺也不要轻易单方立下字据的原则。

（2）处理办法：

①一般性的现场管理及质量问题，由项目经理出面解决。

②较为严重质量问题，由工程部经理出面解决。

③设计方案及报价问题，由设计师出面解决。

④有关设计师服务问题，由设计部经理出面解决。

⑤有关项目经理服务问题，由工程部出面解决。

⑥严重经济索赔问题，由工程部出面解决。

8. 工程维修

（1）所有的客户（包括设计分部反馈的）投诉，由公司统一登记，自接电话起30分钟内完成填单，且内容完备，然后转至工程部。

（2）工程部进行分类：

①由原项目经理维修的项目。

②派新项目经理维修的项目。

③原项目经理维修的项目，工程部于24小时内与客户取得联系，确定维修时间，并通知公司，将维修单备份一份转至工程部。

④原项目经理回公司工程部领取维修单，并与客户联系，按规定时间去进行维修。维修完毕，通知施工监理，项目经理将实施维修项目填写在维修单中，由监理、项目经理、客户共同验收签字，并将维修单交回施工监理备案。施工监理告知工程部。

⑤派新项目经理维修的项目，由工程部于24小时内与客户联系，约定时间，到现场进行鉴定、报价（包括维修项目、工程量、材料费、工费及其他费用），明确维修时间，限定维修工期，工程鉴定的当天完成填单工作，并通知项目经理，经工程部经理签字确认后，将维修单转交给施工监理。

⑥项目经理接单后，先与客户取得联系，按维修单上所标注的时间、维修方案进行维修。

⑦维修期间由施工监理负责质量及项目监督。

⑧工程完工后，项目经理通知施工监理，并由施工监理组织进行工程验收，客户验收签字，将维修单返回施工监理备案。施工监理告知工程部。

<table>
<tr><td>注意</td><td>　　以上工作所涉及的人员必须严格执行相关的时间规定，部门负责人对其工作进行监督，凡未按规定时间完成者，给予 50 元处罚。
　　对不能履行保修义务的项目经理，给予 100 元罚款，且维修产生费用从该项目经理的工程款中扣除。</td></tr>
</table>

　　⑨维修工程的付款及结算，维修单经工程部经理审核签字，在验收后施工监理经理签字确认后，交公司经理签字。

9. 工程发包管理办法

　　（1）公司与所有项目经理之间，既是隶属关系，又是商业合作关系。所有项目经理务必遵守工程发包管理条例。

　　（2）工程部经理代表公司将工程发包给项目经理，发包时，工程部经理向项目经理下达发包单，项目经理和公司合同预算部确认工程量及承包价格，项目经理于开工之前，做好开工准备。

　　（3）考虑各施工队的原有单状况和组织技工配构。

　　（4）对施工质量优良的施工队伍，在相同情况下，公司将考虑优先派单。

　　（5）项目经理须确认发包单中所有资料齐全，若资料不全，项目经理可拒绝开工。

　　（6）无故不接工程者，一次罚款 100 元。

　　（7）嫌工程价钱低而不接单者，一次罚款 100 元。

　　（8）接单后不能按时准备开工物品与人员者，一次罚款 100 元。

　　（9）开工当日迟到者，罚款 100 元。

　　（10）开工后，不论何种原因不得撤离现场，撤离现场须在施工监理签署撤离现场通知单后进行。违者罚款 1000 元并承担一切责任。

图书在版编目（CIP）数据

造园行业规范指导手册 / 花园集俱乐部编著. —— 南
京：江苏凤凰科学技术出版社，2018.1（2022.9重印）
ISBN 978-7-5537-8769-5

Ⅰ．①造… Ⅱ．①花… Ⅲ．①庭院－工程－规范－手
册 Ⅳ．①TU986.3-65

中国版本图书馆CIP数据核字(2017)第297210号

造园行业规范指导手册

编　　　著	花园集俱乐部
项 目 策 划	凤凰空间/于洋洋
责 任 编 辑	刘屹立　赵　研
特 约 编 辑	杜玉华　蓝晓晴　张　娜

出 版 发 行	江苏凤凰科学技术出版社
出版社地址	南京市湖南路1号A楼，邮编：210009
出版社网址	http://www.pspress.cn
总 经 销	天津凤凰空间文化传媒有限公司
总经销网址	http://www.ifengspace.cn
印　　　刷	雅迪云印（天津）科技有限公司

开　　　本	889 mm×1 194 mm　1/16
印　　　张	16.5
字　　　数	316 800
版　　　次	2018年1月第1版
印　　　次	2022年9月第6次印刷

标 准 书 号	ISBN 978-7-5537-8769-5
定　　　价	128.00元